RASTREAMENTO
DE VEÍCULOS

CB059141

© Copyright 2009 Oficina de Textos

Capa Malu Vallim
Diagramação Know-how Editorial
Preparação de textos Know-how Editorial
Revisão de textos Rena Signer

Dados Internacionais de Catalogação na Publicação (CIP)
(Câmara Brasileira do Livro, SP, Brasil)

Rodrigues, Marcos
 Rastreamento de veículos / Marcos Rodrigues,
Carlos Eduardo Cugnasca, Alfredo Pereira de
Queiroz Filho. -- São Paulo : Oficina de Textos, 2009.

 Bibliografia.
 ISBN 978-85-86238-87-1

 1. Comunicação rodoviárias 2. Engenharia de transportes - Inovações tecnológicas 3. Sistemas inteligentes de transportes 4. Trânsito - Controle eletrônico I. Cugnasca, Carlos Eduardo. II. Queiroz Filho, Alfredo Pereira de. III. Título.

09-01619   CDD-629.04

Índices para catálogo sistemático:
1. Rastreamento de veículos : Engenharia de transportes 629.04
2. Veículos : Rastreamento : Engenharia de transportes 629.04

Todos os direitos reservados à Oficina de Textos
Trav. Dr. Luiz Ribeiro de Mendonça, 4
CEP 01420-040 São Paulo - SP - Brasil
tel. (11) 3085 7933   fax (11) 3083 0849
site: www.ofitexto.com.br e-mail: ofitexto@ofitexto.com.br

Marcos Rodrigues
Carlos Eduardo Cugnasca
Alfredo Pereira de Queiroz Filho

RASTREAMENTO
DE VEÍCULOS

oficina de textos

Quando se caminha como os outros, caminha-se devagar.

马克

Agradecimentos

Não é a realização do livro que verdadeiramente demanda agradecimentos, mas a companhia daqueles que estiveram juntos no processo de aprendizado. Essa companhia indaga, sugere, esclarece e duvida. É a companhia de marcha, avante. Ela abrange o aluno que perguntou o que não soubemos responder até aquele que pediu o que não pensávamos desenvolver. Estão também aí os que descobrem fazendo e fazendo bem. Assim, agradecemos:

- :: aos alunos da pós-graduação da área de Informações Espaciais do Departamento de Engenharia de Transportes da Escola Politécnica da Universidade de São Paulo (Epusp), que, direta ou indiretamente, participaram de disciplinas em que se explorou o Rastreamento de Veículos. Em particular, agradecemos a Ricardo Couto, Marcelo Necho, Eduardo Jun Shinohara, Joana Nicolini Cunha, Luciano Aparecido Barbosa;
- :: ao Prof. Dr. José Alberto Quintanilha, do Departamento de Engenharia de Transportes da Epusp, e Profa. Dra. Linda Lee Ho, do Departamento de Engenharia de Produção da Epusp, sempre brilhantes;
- :: aos engenheiros Bruno Abrantes Basseto e Renato Sousa da Cunha, companheiros dos autores em projeto seminal para o desenvolvimento deste livro;
- :: a Jorge Augusto Carvalhinho Lopes e a Marcelo Guidetti, da KRETTA;
- :: e ao amigo e Prof. Dr. Sérgio Miranda Paz, pelo paciente e competente trabalho de revisão.

Apresentação

A área de *Intelligent Transportation Systems* (ITS) vem experimentando notáveis desenvolvimentos em tempos recentes. Estes desenvolvimentos têm ocorrido nas mais variadas áreas e compreendem tanto a chamada infra-estrutura inteligente quanto os veículos inteligentes. Em nosso país, duas frentes têm mostrado desenvolvimentos importantes, porém ainda tímidos face ao pleno potencial de benefícios antevistos.

De um lado, as concessionárias de rodovias têm gradualmente implementado a base do que pode vir a se consolidar como uma futura infra-estrutura inteligente e, também, o uso de identificadores de radiofreqüência em processos de cobrança.

De outro lado, o setor privado, motivado sobretudo por aplicações de segurança e logística, tem logrado notável expansão da frota rastreada em aplicações as mais variadas, que vão do simples posicionamento veicular a processos inteligentes de gestão de viagens que compreendem processos logísticos, roteamentos dinâmicos, resgates, entre inúmeros outros. Estes desenvolvimentos, que ocorrem ainda sem a definição de uma desejável arquitetura nacional para ITS, têm sido viabilizados por objetivos claros, custos plausíveis e benefícios inequívocos.

Antevê-se ampla e sofisticada rota de desenvolvimento e aplicações, tanto na infra-estrutura quanto no veículo, mas sobretudo na integração destes. Estão em nosso horizonte sofisticadas aplicações: de gestão de tráfego, gestão de incidentes, serviços de emergência, de informação para o usuário, prevenção de acidentes, transporte intermodal, de assistência ao motorista e muitas outras.

Este livro representa um marco importante nesta rota de desenvolvimento, pois consolida conhecimento fundamental para estas aplicações. Aborda com clareza aspectos essenciais do rastreamento de veículos, explora as tecnologias de posicionamento e comunicação, e discute maduramente aspectos associados à infra-estrutura de informática.

É uma referência fundamental para todos aqueles envolvidos na área de ITS e, em particular, com o rastreamento de veículos e suas variadas aplicações.

Chequer Jabour Chequer, MSc
Presidente da Associação Brasileira de Sistemas
Inteligentes de Transporte – ITS Brasil.

Sumário

1 Fundamentos do Rastreamento de Veículos (RV) 15
   1.1 Aspectos conceituais 16
         1.1.1 Definição 16
         1.1.2 Circunstâncias de utilização 16
         1.1.3 Características do monitoramento 18
   1.2 Componentes do sistema RV 22
         1.2.1 Sistemas de posicionamento 23
         1.2.2 Sistemas de comunicação 29
         1.2.3 Equipamentos embarcados 33
         1.2.4 Gestão da informação 35
   1.3 Considerações finais 40

2 As Tecnologias no Mercado 43
   2.1 Identificação em Curtas Distâncias por Radiofreqüência (RFID) 43
         2.1.1 RFID Passivos 44
         2.1.2 RFID Ativos 50
         2.1.3 RFID Semipassivos (ou Semi-ativos) 51
   2.2 O sistema de telefonia celular no Brasil 51
         2.2.1 Características gerais 51
         2.2.2 Arquitetura do sistema celular 53
         2.2.3 Tecnologias de comunicação com as estações móveis 55
         2.2.4 Transmissão de dados via rede de dados celular digital 64
   2.3 Transmissão de dados por rádio-modem 64
   2.4 Transmissão de dados por satélite 64

2.5 Sistema Global de Navegação por Satélite (GNSS) 65
    2.5.1 GPS 65
    2.5.2 O sistema Glonass 69
    2.5.3 O sistema Galileo 70
2.6 Location Based System (LBS) 71
    2.6.1 Estações Rádio-Base (ERBs) 71
    2.6.2 Posicionamento por proximidade 72
    2.6.3 Técnicas para o refinamento da localização 73
    2.6.4 Medição da distância por meio da potência do sinal de rádio 73
    2.6.5 Medição de distâncias por meio do tempo de propagação do sinal . 74
    2.6.6 Medição de distâncias por meio do ângulo de recepção do sinal 76
    2.6.7 Sistemas de posicionamento padrão 77
2.7 Tecnologias para a localização de veículose cargas 79
    2.7.1 Bloqueador 79
    2.7.2 Localizador 80
    2.7.3 Rastreador 81
    2.7.4 Considerações gerais sobre a proteção de veículos 82
    2.7.5 Dispositivo para rastreamento e monitoramento de cargas 83
2.8 Navegadores 83
2.9 Requisitos básicos dos produtos embarcados 83
2.1 Novos paradigmas de RV 84
2.11 Evolução da eletrônica embarcada em veículos 85
    2.11.1 Os requisitos da comunicação em veículos 86
    2.11.2 Exemplos de subsistemas automotivos 86
    2.11.3 Alguns tipos de comunicação automotiva 87
    2.11.4 Tecnologias emergentes 88
2.12 Dispositivos de interface com o usuário 91
2.13 Considerações finais e perspectivas futuras 95

3 Infra-estrutura de Informática 97
3.1 :: Arquitetura Cliente-Servidor 97
3.2 Aplicações Web 98

3.3	Arquitetura Orientada a Serviços (AOS)	100
3.4	*Web Services*	100
3.5	Segurança e qualidade do serviço	101
3.6	Escolha da plataforma de desenvolvimento e ferramentas de software baseadas em software livre	102
	3.6.1 Sistema operacional FreeBSD	102
	3.6.2 Servidor Web Apache	102
	3.6.3 Sistema Gerenciador de Banco de Dados MySQL	103
	3.6.4 Linguagem PHP	103
3.7	Exemplos de implementação de Arquiteturas Web	104
	3.7.1 Soluções baseadas no ambiente de programação Active Server Pages (ASP.NET)	104
	3.7.2 Soluções baseadas no ambiente de programação Delphi	104
	3.7.3 Mapas	105
3.8	A infra-estrutura computacional	105
3.9	Considerações sobre o projeto de sistemas de RV	106

4 O Futuro **109**

Bibliografia **111**

Apêndice **115**

A.	Radiofreqüência e Ondas Eletromagnéticas	115
	A.1 Princípios básicos	115
	A.2 Antenas	117
	A.3 Características de propagação	117
	A.4 Modulação	119
	A.5 Espalhamento espectral	121
	A.6 Transmissão de sinais digitais	122

1. Fundamentos do Rastreamento de Veículos (RV)

Entre as inúmeras possibilidades de aplicação do Rastreamento de Veículos (RV), este capítulo destaca o transporte rodoviário e a arte do rastreamento de veículos e cargas em trânsito (posicionamento, comunicação e tratamento de bases de dados). Descrevem-se as tecnologias representativas, os equipamentos, redes, softwares, funcionalidades, entre outros recursos, para permitir que o leitor entre em contato com as principais circunstâncias que envolvem sua utilização, compreenda as características do monitoramento espacial dos veículos e conheça o conjunto de componentes do sistema RV.

O rastreamento de veículos visa ao fornecimento e ao gerenciamento sistemático da posição e do estado dos veículos, com variados níveis de exatidão e intervalos de tempo. É empregado para aumentar a eficiência dos despachos, otimizar o uso dos veículos, reduzir o custo operacional e atender às exigências de seguradoras, uma vez que aumenta a segurança das cargas, do casco e dos motoristas.

O início da operação dos sistemas RV ocorreu em Chicago, no final da década de 1960. Com a denominação inicial de *Automatic Vehicle Location* (AVL), o sistema foi criado como uma ferramenta de apoio à gestão de tráfego. No entanto, é utilizado principalmente como ferramenta de gerenciamento logístico e de risco. No Brasil, o emprego do RV iniciou-se por motivos de segurança, visando à prevenção de roubos e/ou recuperação de bens.

Nota-se uma clara expansão das funcionalidades originais do sistema. Embora a posição do veículo de carga possa ser considerada como a informação mais importante do sistema RV, outros atributos do veículo são igualmente relevantes, como: o estado de portas/baú, a presença de pessoas na cabine, os dados de telemetria (velocidade, temperatura, falhas mecânicas) e os dados operacionais, como a identificação do motorista e da carga.

Atualmente, há uma tendência de crescimento desse mercado em decorrência da ampliação de funções, principalmente pelo uso conjunto do RV com outras tecnologias, como *Location Based Services* (LBS), comunicação sem fio (*wireless*), ferramentas de Sistemas de Informações Geográficas (SIG) e de Internet.

1.1 :: ASPECTOS CONCEITUAIS

1.1.1 Definição

Considera-se sistema um conjunto de entes inter-relacionados. Um sistema dinâmico é aquele cujo estado muda com o tempo. Estado de um sistema é o conjunto de valores dos atributos relevantes que ele possui em um determinado instante (Rodrigues, 1987).

O RV é um sistema de monitoramento que gerencia a localização e o estado de um veículo a cada momento, enquanto ele se desloca sobre a superfície terrestre. Considera-se o veículo de carga um sistema dinâmico com atributos como: posição geográfica, estado de portas e do baú, telemetria e dados operacionais, o qual integra um sistema maior, o sistema RV.

As informações sobre a posição do veículo e outros dados que podem ser coletados permitem a realização de operações associadas, de acordo com a demanda de cada usuário e o tipo de operação (controle logístico, controle de risco, gerenciamento de frotas, gestão de transporte público e outros).

1.1.2 Circunstâncias de utilização

A utilização dos sistemas de posicionamento de veículos está em franca expansão. Embora o texto destaque a sua aplicação no transporte de carga, ela abrange outras categorias, como gerenciamento do transporte coletivo urbano de passageiros; gestão de serviços de segurança e hospitalares (como viaturas policiais e ambulâncias), de guinchos e de táxis; e recuperação de veículos particulares furtados.

No transporte rodoviário de carga, a implantação do sistema RV depende basicamente das características do deslocamento, da mercadoria transportada e da interação com o veículo. São os três principais elementos que devem ser analisados pelo gestor da frota durante a especificação do sistema RV.

Como a diversidade de características do transporte de cargas é muito grande, são igualmente amplas as alternativas de monitoramento. De acordo com as exigências, o equipamento de posicionamento pode ser fixado no produto, nos contêineres ou nas carretas, mas costuma ser instalado com mais freqüência nos veículos.

Para atender a essas distintas demandas, há diferentes possibilidades de integração das tecnologias disponíveis no mercado. Os quatro principais componentes de um sistema RV, como mostra a Fig. 1.1, são agrupados em:

:: sistemas de aquisição (posicionamento e estado do veículo);
:: sistemas de comunicação;
:: equipamentos embarcados;
:: sistemas de gestão das informações.

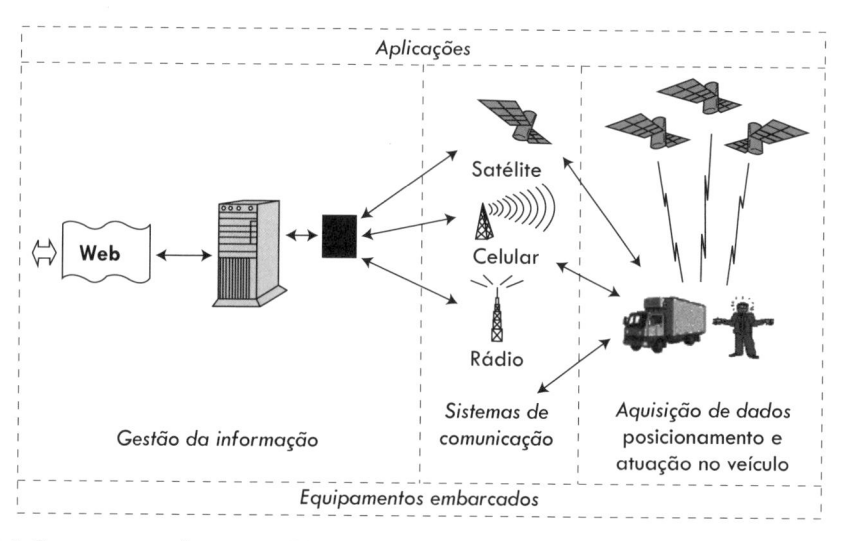

Fig. 1.1 Componentes do sistema RV
Fonte: Adaptada de Graber (www.graber.com.br).

A utilização dessas tecnologias no transporte de carga causou profundas mudanças nas áreas de logística e de segurança. Até um passado recente, determinar a exata posição de um elemento estático, como uma torre de alta tensão, podia demandar dias de trabalho de uma equipe especializada. Atualmente, é possível obter a posição geográfica dos veículos durante seu deslocamento, com alternativas de posicionamento, comunicação, e processamento, bem como dos sistemas gestores.

As restrições técnicas de posicionamento foram superadas e o foco da atenção na área de transportes rodoviários deslocou-se para a:

:: comparação das alternativas tecnológicas (*hardware* e *software*);
:: integração com sistemas corporativos;
:: exploração e análise dos dados;
:: redução de custos de implantação, manutenção e comunicação.

Em um mercado que se caracteriza pelo constante desenvolvimento, a implantação do sistema RV implica, obrigatoriamente, a comparação tecnológica dos seus componentes (*hardware* e *software*), com um conhecimento específico consistente e, ao mesmo tempo, uma visão administrativa integrada. A comparação tecnológica é fundamental para o gestor da frota, e por causa do número e das características das variáveis, costuma ser complexa, principalmente para os leigos, público majoritário ao qual se destina esta publicação.

Outra preocupação importante é a integração entre o sistema RV e os diversos sistemas de uma empresa, para eliminar o indesejável isolamento operacional, característico dos sistemas RV pioneiros. O desenvolvimento de interfaces permite compartilhar as informações espaciais com os bancos de dados corporativos. O sistema RV fornece, por exemplo, dados para os setores de despacho, cobrança e pagamentos.

Outro desafio consiste em explorar as grandes massas de dados geradas na operação do sistema RV. A análise e a interpretação desse rico acervo (coordenadas dos trajetos, tempo dos percursos, paradas dos motoristas etc.) com a utilização de técnicas estatísticas certamente produzirão informações muito úteis, que orientarão novas abordagens e indicarão tendências de gestão e operação da frota.

Com a crescente disponibilidade tecnológica, o custo de implementação e utilização do sistema RV tornou-se um dos elementos mais importantes para o gerente da frota. A relação custo-benefício de implantação do sistema RV depende das tecnologias adotadas em cada um dos referidos componentes (aquisição, comunicação, equipamentos embarcados e gestão). Em resumo, o custo do sistema RV é determinado pelo tipo de atuação desejada no transporte de carga, que orienta o tipo de acompanhamento espacial dos veículos e varia conforme

:: o tipo de carga;
:: a distância do trajeto;
:: as características das vias de transporte;
:: o tipo de região que o veículo percorre;
:: o risco antevisto.

1.1.3 Características do monitoramento

Para definir uma solução RV, a primeira decisão importante que o gestor da frota deve tomar refere-se ao tipo de monitoramento espacial desejado: contínuo, descontínuo ou híbrido (Fig. 1.2).

Em linhas gerais,

:: o sistema contínuo permite localizar o veículo em qualquer ponto do itinerário;
:: o sistema descontínuo ou pontual informa se o veículo cruzou pontos de referência do seu trajeto;
:: o sistema híbrido faculta a junção de ambos os procedimentos, aumentando ou atenuando o rastreamento do veículo em áreas específicas do percurso.

Fig. 1.2 Ilustração dos elementos importantes no monitoramento espacial

a) Monitoramento contínuo

O monitoramento contínuo de um objeto em movimento requer a obtenção de dados concomitante ao deslocamento. A posição do veículo, como no sistema cartesiano, é definida por um par de coordenadas geográficas (x, y) do veículo em um dado instante.

Como os veículos/cargas são móveis, as duas principais características do posicionamento contínuo de um veículo são: a exatidão das coordenadas e a freqüência com que os sistemas capturam e transmitem os dados. O equilíbrio dessas características é decisivo na relação custo-benefício de implantação e operação do sistema RV.

Considerem-se, por exemplo, dois extremos de exatidão de posicionamento: o primeiro, muito exato, de 1 m, com dados transmitidos a cada minuto, e na outra extremidade, o posicionamento com exatidão de 100 m, com dados transmitidos a cada 30 minutos. O custo para implementar e operar o sistema de maior exatidão (primeiro exemplo) é mais elevado e pode ser superdimensionado para as demandas do gestor. No segundo caso, o custo é comparativamente mais baixo; contudo, poderá ser pouco útil para monitorar as chamadas operações nervosas de veículos leves de carga, valiosas em área urbana.

Exatidão

A exatidão define um grau de confiança da coordenada obtida. O Padrão de Exatidão Cartográfica (PEC) é um indicador estatístico de dispersão que define a acurácia de trabalhos cartográficos (mapas). Consiste em um valor de referência das coordenadas, que pode ser traduzido como a posição verdadeira do veículo no terreno. A exatidão não deve ser confundida com a precisão, que é proporcional aos valores obtidos pelos instrumentos de medida. Portanto, a precisão está associada ao nível de confiança dos instrumentos de medida dessas coordenadas.

Nos sistemas RV, a exigência de exatidão das coordenadas pode variar conforme as características da malha viária. A rodovia que atravessa uma área rural, com poucas interseções, pode exigir uma exatidão cartográfica mais baixa, mesmo quando a segurança do veículo for considerada o fator preponderante, pois há poucas rotas alternativas. Em contraposição, as coordenadas devem ser mais refinadas em áreas urbanas, que possuem complexas redes viárias, pois uma pequena alteração de trajeto pode ter significativas implicações no rastreamento do veículo, como possíveis interrupções de vias, problemas mecânicos, furto etc.

O acompanhamento concomitante da movimentação de um veículo requer um sistema para o processamento automático de dados, cuja configuração deve considerar a emissão de um alerta, caso o comportamento observado do veículo seja diferente do esperado no terreno. Também, quando necessário, deve permitir a visualização da posição da frota sobre mapas. Em decorrência, é imprescindível que o nível de exatidão cartográfica das coordenadas do veículo seja compatível com o da base cartográfica do sistema de processamento de dados espaciais.

A eficiência do monitoramento pode diminuir muito caso a qualidade das coordenadas do sistema de posicionamento do caminhão seja incompatível com a do sistema de processamento da frota. Por exemplo, o posicionamento do veículo com elevada exatidão sobre um mapa de baixa qualidade cartográfica ou desatualizado pode ocasionar uma interpretação visual equivocada. Da mesma forma, uma base cartográfica exata, mas utilizada para sobrepor a posição do veículo com baixíssimo grau de confiança, é capaz de gerar problemas para a equipe de gerenciamento dos veículos.

Embora esse exemplo seja didático, deve-se ressaltar que a visualização dos dados nos mapas não é um pré-requisito para a operação de sistemas RV. O monitoramento contínuo de grandes frotas permite o acompanhamento visual de cada unidade de transporte, mas não é essencial para o seu funcionamento, pois é possível utilizar funcionalidades que avaliem permanentemente o progresso de uma viagem e gerenciar os dados espaciais, detectando qualquer alteração inesperada da rota, sem que a informação seja efetivamente visualizada espacialmente.

Uma alternativa que permite gerenciar a frota sem a visualização dos veículos no mapa é denominada cerca eletrônica, e consiste em comparar as coordenadas previstas no percurso com as obtidas pelo veículo. A cerca eletrônica (Fig. 1.3) é composta pelas coordenadas geográficas do itinerário do veículo, isto é, por uma área de influência ao longo da estrada que será percorrida. Se a posição do veículo estiver fora dessa área, que é uma linha expandida sobreposta à estrada, um alerta é acionado.

Assim, o comportamento espacial dos veículos deve ser determinado com critério, pois permite a identificação de anormalidades, como desvios, rotas alternativas ou qualquer alteração espacial ou temporal, para que o sistema de monitoramento contínuo avise os operadores com presteza.

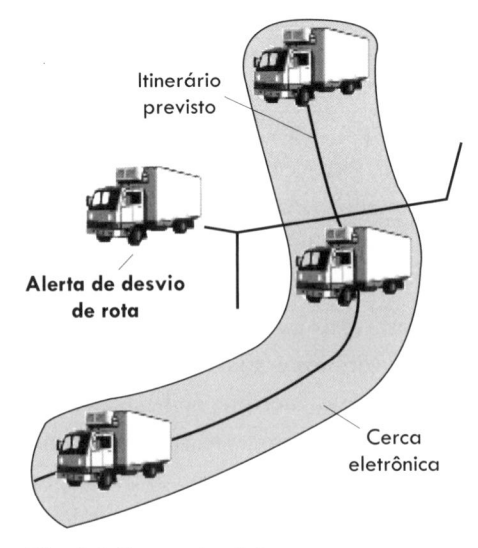

Fig. 1.3 Cerca eletrônica

Freqüência

O segundo parâmetro do monitoramento contínuo é a freqüência de obtenção e de comunicação das coordenadas. O gerenciamento automático permite determinar o intervalo de tempo necessário para saber a posição do veículo de carga e a periodicidade de transmissão dos dados.

Em princípio, quanto maior o valor da carga, a velocidade de deslocamento e o número de alternativas de rotas, maior é a quantidade de posições que devem ser adquiridas. O transporte de medicamentos, por exemplo, possui elevado índice de furto e costuma exigir a localização contínua dos veículos nas regiões metropolitanas.

Pode ser importante diminuir o intervalo de captação de dados para detectar períodos de imobilidade. As decisões sobre a eventual alteração de rota, o acionamento de socorro mecânico, de para-médicos ou da polícia são exemplos de ações decorrentes do monitoramento dessa variável temporal.

O intervalo para a transmissão das coordenadas geográficas do veículo para a central de operação é um elemento importante na gestão de cargas. Deve-se destacar que a freqüência de comunicação dos dados pode ser distinta da freqüência de aquisição. Nos casos de transmissão simultânea à aquisição das coordenadas, as atividades de monitoramento tendem a ficar concentradas na central de controle.

Os sistemas que utilizam a comunicação assíncrona podem corresponder a um sistema embarcado sofisticado, capaz de armazenar todos os dados, processá-los, tomar decisões e emitir mensagens somente em circunstâncias determinadas. Podem também indicar uma freqüência de comunicação concentrada para, por exemplo, reduzir os custos do sistema.

b) Monitoramento descontínuo

O acompanhamento descontínuo representa o controle do fluxo de veículos de carga por meio de pontos de referência preestabelecidos. Esse tipo de gerenciamento responde ao gestor da frota se e quando o veículo cruzou os pontos de fiscalização predeterminados. Não especifica onde a carga está a qualquer momento, mas por quais pontos de fiscalização já passou.

É utilizado no transporte de cargas que possuem baixo índice de furto ou cujas rotas não variam, isto é, com origem e destino fixos, pois realizam sempre os mesmos percursos. Fornece dados pontuais que podem ser processados simultaneamente ao deslocamento ou que são armazenados para uma análise posterior. Diferentemente do monitoramento contínuo, não requer necessariamente o processamento de dados espaciais. Um eventual alerta pode ser emitido caso o veículo não tenha cruzado o ponto de fiscalização do seu itinerário na hora prevista.

Como as estações de monitoramento são fixas, a variável mais relevante é a temporal. Essas informações são utilizadas para controlar o fluxo de estoques, a pontualidade da entrega e o desempenho dos veículos e de seus condutores. Embora a concepção desse tipo de fiscalização seja muito antiga, a possibilidade de coletar e transmitir as informações de forma automática é relativamente recente.

c) Monitoramento híbrido

O monitoramento híbrido de veículos de carga é a junção dos procedimentos de acompanhamento contínuo e descontínuo. É particularmente utilizado por veículos que percorrem longas distâncias, que se deslocam por redes viárias distintas (rural e urbana, por exemplo) ou que atravessam áreas que oferecem diferentes sistemas de posicionamento.

1.2 :: COMPONENTES DO SISTEMA RV

Existem inúmeras soluções integradas para a localização de veículos, e seus componentes são descritos individualmente. As principais vantagens e desvantagens são abordadas para que suas particularidades possam ser compreendidas. Ratifica-se, assim, a idéia de que diferentes sistemas de transporte requerem distintos recursos de monitoramento, que, por sua vez, podem ser supridos por tecnologias diversas.

Cumpre observar a expansão e a sobreposição das funcionalidades das tecnologias envolvidas. Embora as tecnologias de posicionamento e de comunicação tenham sido criadas com propósitos distintos e em contextos diferenciados, têm hoje múltiplas funções e oferecem serviços que concorrem entre si. Em geral, as tecnologias inicialmente desenvolvidas para o posicionamento passaram também a permitir a comunicação, da mesma forma que as tecnologias de comunicação também oferecem serviços de localização do veículo. Em conseqüência, as soluções RV que integram essas tecnologias experimentam uma dinâmica ainda mais acentuada, por circunstâncias de preço e de mercado.

A separação entre posicionamento e comunicação foi mantida para simplificar a compreensão do sistema RV; no entanto, é possível verificar uma considerável semelhança entre as plataformas utilizadas: GPS, telefonia móvel e radiofreqüência (sobreposição destacada pela cor cinza na Tab. 1.1). Ambas empregam ondas eletromagnéticas, de diferentes comprimentos, tanto para determinar o posicionamento quanto para estabelecer a comunicação. Apesar de parecer repetitivo, é relevante salientar as vantagens dessa concorrência, que representa alternativas de custo, abrangência e precisão benéficas para alguns usuários dos sistemas RV.

Apresenta-se a seguir, resumidamente, as tecnologias disponíveis no momento para os segmentos do sistema RV. Seus componentes podem ser agrupados conforme mostrado na Tab. 1.1.

Tab. 1.1 :: Componentes do sistema RV

Sistemas	Plataformas e equipamentos
Posicionamento	Postos de Localização (*Signpost*) **Radiofreqüência** **Telefonia móvel** **GPS**
Comunicação	Radiofreqüência Telefonia móvel Satélite
Embarcados	Processadores *Display* e Teclado Sensores e Atuadores
Gestão	Hardware Software Conexão Internet

1.2.1 Sistemas de posicionamento

Os diversos sistemas utilizados para determinar a localização geográfica do veículo diferenciam-se pelo tipo de tecnologia, abrangência, precisão e custo de implementação. Os principais processos baseiam-se nos postos de sinalização (*signpost*), na triangulação das freqüências de rádio, na rede de telefonia móvel e em satélites, no Global Positioning Systems (GPS).

É fundamental realçar que não há uma tecnologia ideal. Existem diferentes soluções para distintas circunstâncias, definidas pelo tipo de operação do veículo, pela oferta de tecnologia na região e pela natureza do sistema de gestão da informação.

a) Postos de localização (*signpost*)

Esse tipo de sistema detecta a proximidade do veículo em relação a um ponto de referência. O registro da passagem é realizado pela troca de ondas de rádio, luz ou sinal sonoro entre o dispositivo embarcado no veículo e a estação de controle. É o sistema mais simples e antigo utilizado no transporte rodoviário, e possui três componentes principais:

:: unidade instalada no veículo (*transponder*);
:: unidade de leitura;
:: central de computação dos dados.

Esses sistemas podem ser de *tags* (etiquetas) ativos ou passivos. Os que possuem *tags* passivos caracterizam-se por armazenar informações limitadas, e são de baixo custo. Os *tags* ativos, por sua vez, permitem armazenar informações dinâmicas do veículo (carga, rota, número de passageiros etc.), mas requerem fonte de alimentação de energia e têm custo mais elevado em comparação ao sistema passivo.

As maiores vantagens do sistema *signpost* são a robustez e o baixo custo da unidade embarcada; as principais desvantagens são o custo de implantação da infra-estrutura (unidades de leitura) e a abrangência restrita à região coberta por unidades de leitura.

b) Radiofreqüência (triangulação de antenas)

Esse sistema de posicionamento está baseado em uma infra-estrutura terrestre de radiocomunicação digital bidirecional, sendo composto por uma rede de antenas de rádio que opera em freqüência exclusiva, uma unidade de comunicação instalada no veículo e uma central de processamento de dados.

Por meio de algoritmos computacionais, a central de controle, com as coordenadas geográficas, é capaz de determinar a posição do veículo com uma precisão de 100 m (útil para inúmeras operações de transporte de carga), pela triangulação do sinal das antenas.

A principal vantagem desse sistema é operar em locais cobertos e até fechados. O seu desempenho, quando comparado ao GPS, pode até ser vantajoso nas aplicações em áreas de grande adensamento urbano. Além do posicionamento, permite a comunicação bidirecional entre o motorista e a central de operações. Deve-se destacar que a mesma infraestrutura usada para a localização espacial é empregada para a comunicação entre a central e o motorista.

A maior desvantagem é o custo de implantação das antenas, de uso exclusivo, e a limitada abrangência dessa rede. Só é viável em áreas muito adensadas, como regiões metropolitanas, e vem perdendo competitividade em razão da redução dos custos dos sistemas alternativos com maior área de cobertura.

c) Rede de telefonia móvel

Os serviços de localização oferecidos pelas empresas de telefonia móvel são conhecidos pela expressão *Location Based Services* (LBS). São decorrentes da exigência E-911, da agência norte-americana *Federation Communications Comission* (FCC), para localizar as chamadas de emergência efetuadas de aparelhos celulares em uma área de até 125 m.

Para obter o retorno do capital investido para atender a essa exigência, as operadoras de telefonia desenvolveram a concepção comercial dos LBS, fornecendo serviços para a localização de aparelhos celulares. O futuro dos LBS é muito promissor, pois podem ser aplicados nas áreas de segurança, rastreamento, navegação, entretenimento, geomarketing, entre outras, apesar de enfrentarem forte concorrência do GPS, com seus custos em marcante queda.

Distintas tecnologias decorrentes dessa resolução são oferecidas em inúmeros países. No Brasil, os principais sistemas utilizados na localização de veículos baseiam-se em:

:: identificação da célula (Cell Id);
:: tempo de propagação do sinal (Time of Arrival).

A identificação da célula é o método mais simples e o de menor precisão. Esse sistema é intrínseco à telefonia móvel, pois indica a célula em que o usuário se encontra. Conforme o tipo de área, urbana ou rural, o tamanho da célula pode oscilar de um raio de 500 m, por exemplo, na avenida Faria Lima (São Paulo), até 10 km, na rodovia Castelo Branco. Quanto maior o tamanho da célula, menor é a precisão da localização, que pode ser melhorada com dois recursos (Fig. 1.4):

:: setorização da célula (Angle of Arrival);
:: tempo de propagação (Timing Advance).

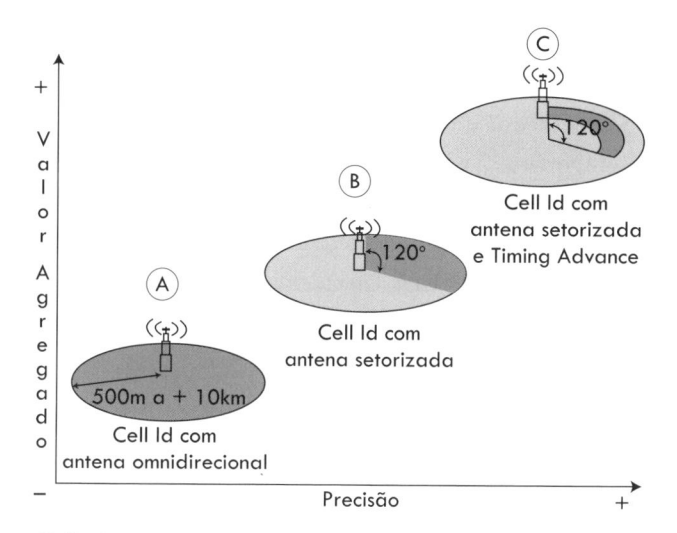

Fig. 1.4 Sistema Cell Id
Fonte: <www.teleco.com.br>.

A setorização do sistema Cell Id é baseada no ângulo do sinal emitido pelo aparelho e requer antenas direcionais (normalmente com 120º de cobertura). Os dois tipos de antenas utilizadas são as omnidirecionais ou multidirecionais (Fig. 1.4a) e as setoriais (Fig. 1.4b e c). Embora o custo da infra-estrutura seja elevado, a posição do terminal móvel (aparelho) pode ser determinada por apenas duas células e, dessa forma, ele é utilizado em áreas rurais, cuja rede é pouco densa.

O sistema Cell Id pode refinar ainda mais a precisão de posicionamento na célula, com a medida do tempo de propagação entre o aparelho e a base (*Timing Advanced*). Significa que o tamanho da área da célula, fornecido pela antena setorial (Fig. 1.4b), é reduzido pelo registro do tempo do sinal telefônico (Fig. 1.4c). Portanto, quanto menor for a área no terreno, maior será a precisão de posicionamento.

A maior desvantagem desse sistema é o elevado custo de infra-estrutura da rede de antenas direcionais, e suas principais vantagens são:

:: a posição pode ser determinada com apenas duas células, sendo indicado para regiões cuja rede é pouco densa, como as áreas rurais;
:: utiliza terminais móveis simples;
:: pode ser utilizado em células com espaçamento de até 8 km.

O segundo tipo de sistema de localização por telefonia móvel é o Time of Arrival. Esse processo calcula o tempo de propagação do sinal entre o aparelho e a antena. Seu funcionamento é similar ao *Timing Advanced*, usado em conjunto com as antenas setorizadas do sistema Cell Id; entretanto, baseia-se em tecnologia distinta.

A precisão do método está diretamente relacionada à densidade de células no local. A sua vantagem mais importante é a boa funcionalidade em ambientes urbanos, inclusive em locais fechados, o que demanda grandes investimentos em infra-estrutura da rede (*hardware/software*). No entanto, o usuário não terá, necessariamente, de arcar com todos os custos, pois investimentos nessa área ocorrem independentemente do uso de sistemas RV.

Os dois métodos existentes para mensurar o tempo de propagação do sinal são:

:: *Time Difference of Arrival* (TDOA);
:: *Enhanced Observed Time Difference* (E-OTD).

Ambos possuem um esquema semelhante de funcionamento, pois utilizam pelo menos três estações para calcular a posição do sinal, mas diferenciam-se pelo grau de sofisticação do processamento e pela tecnologia empregada.

No sistema TDOA, cada célula possui uma unidade para medir o tempo entre a transmissão e a recepção do sinal (*Local Measurement Unit* – LMU). Os dados são processados em um servidor central (*Serving Mobile Location Unit* – SMLU), que fornece a posição. A precisão é de aproximadamente 250 m, mas pode diminuir, conforme o volume de tráfego na rede. Utiliza terminais simples, porém requer pesados investimentos na rede e em servidores (Fig. 1.5).

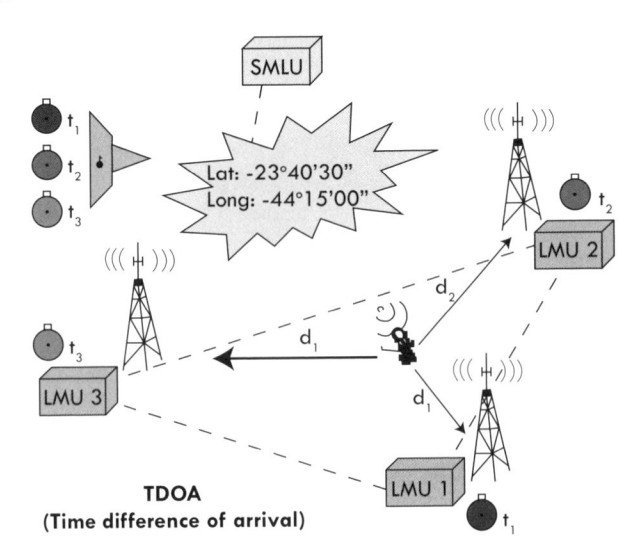

Fig. 1.5 Sistema Time Difference of Arrival (TDOA)
Fonte: <www.teleco.com.br>.

1::Fundamentos do Rastreamento de Veículos (RV)

No sistema E-OTD (Fig. 1.6), o terminal móvel calcula o tempo de propagação do sinal transmitido por, pelo menos, três células. Dessa forma, a carga de processamento é muito menor nas LMUs, podendo atender até cinco células. Conforme a densidade da rede de antenas, sua precisão é de aproximadamente 75 m. Embora utilize terminais móveis mais sofisticados, necessita de menores investimentos na rede e em servidores do que o método TDOA (Fig. 1.5).

E – OTD
(Enhanced observed time difference)

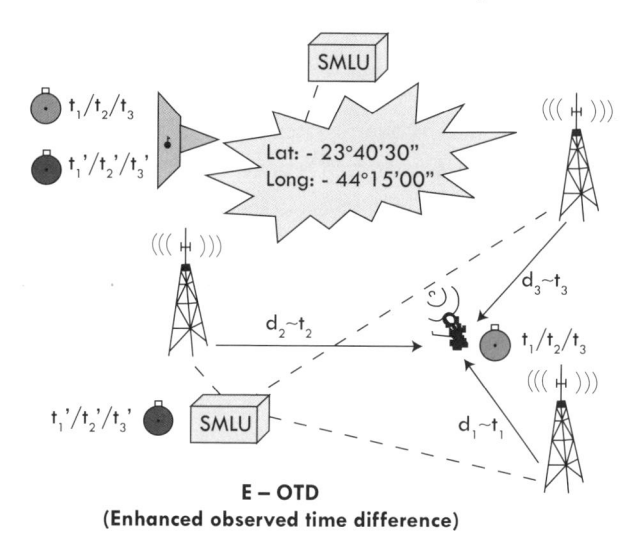

Fig. 1.6 Sistema Enhanced Observed Time Difference (E-OTD)
Fonte: <www.teleco.com.br>.

d) Global Positioning System (GPS)

O GPS tem como objetivo auxiliar as atividades de posicionamento e a navegação terrestre, marítima e aérea, fornecendo a localização geográfica em qualquer parte da superfície terrestre. Foi concebido pelo Departamento de Defesa dos Estados Unidos e entrou em operação em 1995. É constituído por uma constelação de 24 satélites (três de reserva), distribuídos em seis planos orbitais, com altura média de 20 mil km, com inclinação de 55º em relação ao equador (Fig. 1.7).

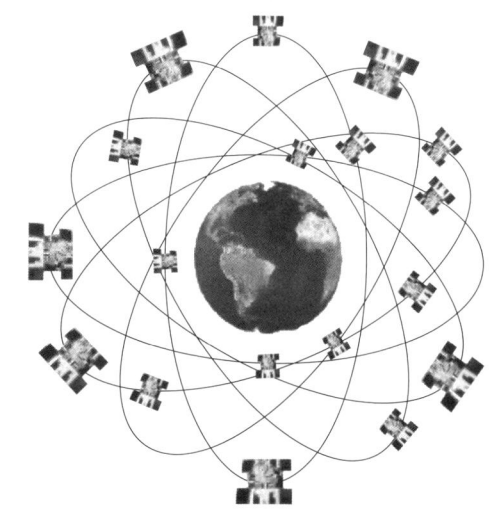

Fig. 1.7 Constelação dos satélites GPS
Fonte: National Air and Space Museum
<http://www.nasm.si.edu/exhibitions/gps/>.

Cada satélite transmite continuamente sua localização (posição e elevação) e uma referência de tempo, por meio de ondas eletromagnéticas. O sinal, que opera na freqüência de 1.227 MHz a 1.575 MHz, é captado pelo aparelho receptor, processado e transformado em coordenadas geográficas (latitude/longitude) ou métricas (UTM). Em resumo, o aparelho GPS determina o intervalo entre a transmissão e o recebimento do sinal para calcular a distância entre o receptor e o satélite. Após receber informações de pelo menos quatro satélites, a posição pode ser obtida por triangulação. Os erros relacionados aos posicionamentos com GPS estão indicados na Tab. 1.2.

Tab. 1.2 :: Erros inerentes ao posicionamento GPS

Origem do erro	Precisão
Ionosfera	5,5 metros
Efemérides	2,5 metros
Atraso no relógio	1,5 metros
Multicaminhamento	0,6 metros
Ruído receptor	0,3 metros
Erro Total	~5-15 metros

As principais vantagens do GPS nas aplicações RV são:

:: abrangência mundial;
:: uso consagrado (adotado em 80% dos veículos que utilizam o sistema RV no Brasil);
:: precisão de aproximadamente 10 m;
:: não há custo de implantação e de operação de rede;
:: o preço dos equipamentos receptores, em razão das escalas de produção, diminui continuamente;
:: a informação sobre a posição geográfica encontra-se no veículo.

As desvantagens mais significativas do GPS para a localização de veículos são:

:: não funciona em ambientes fechados (túneis e garagens);
:: os sinais dos satélites podem ser obstruídos por pontes, viadutos, edifícios e matas;
:: a geometria desfavorável dos satélites pode diminuir a precisão do posicionamento;
:: o multicaminhamento, ou seja, a reflexão do sinal em algum objeto – como um edifício alto – interfere na precisão das coordenadas. Ocorre com freqüência em áreas densamente urbanizadas;
:: os receptores, ao serem ligados ou após a perda de comunicação com o satélite, levam certo tempo para (re)iniciar a aquisição de dados (partida a frio).

Existem também sistemas híbridos, que mesclam elementos da telefonia móvel e do GPS, ampliando, assim, suas funcionalidades, principalmente em áreas urbanas. Nesses sistemas, conhecidos pela sigla A-GPS, de Assisted GPS, o processamento dos sinais do satélite é realizado pela estação de telefonia, e o sinal é retransmitido ao aparelho celular, que, por sua vez, requer uma configuração mais simples do que a de um receptor GPS.

As principais vantagens do sistema A-GPS são:

:: diminui o tempo inicial de aquisição de dados (cerca de 15 segundos);
:: reduz o trabalho computacional do receptor embarcado;
:: permite operação em ambientes urbanos, bem como em muitos ambientes fechados;
:: requer baixo investimento na rede já existente;
:: é uma tecnologia de transição para as futuras redes de telefonia móvel de terceira geração (3G), possibilitando a melhoria da precisão do GPS.

A comparação entre as características dos sistemas de posicionamento oferecidos pelas empresas de telefonia móvel e os serviços GPS pode ser observada na Tab. 1.3. Mais informações relacionadas ao GPS são apresentadas no Capítulo 2.

Tab. 1.3 :: Comparação dos sistemas de posicionamento da telefonia móvel

Método	Célula	Tempo de propagação		GPS	
Tecnologia	Cell Id	TDOA	E-OTD	GPS	A-GPS
Precisão urbana média	50 a 500 m 500 m a 10 km	250 m	75 m	15 m	5 m
Terminais especiais?	Não	Não	Sim	Sim	Sim
Custo	Menor custo de implementação	Necessidade de pesados investimentos na rede e em servidores	Necessidade de investimentos na rede, servidores e terminais	Necessidade de investimento em terminais	Necessidade de investimentos em terminais e processamento na rede
Observações	Precisão depende do tamanho da célula	Precisão vulnerável à carga de tráfego da rede	Depende de grande densidade de estações	Não tem cobertura em ambientes fechados e sofre severas limitações com multicaminhamento e obstáculos (prédios)	Restrições à cobertura em ambientes fechados

Fonte: adaptado de <www.teleco.com.br>.

1.2.2 Sistemas de comunicação

O sistema de comunicação realiza a conexão entre o veículo e a central de operações. De acordo com as características e demandas específicas de cada operação, diferentes modos de troca de dados podem ser utilizados. O sistema efetua a transmissão de dados, texto e/ou a comunicação por voz em ambas as direções. As tecnologias de transmissão e recepção de dados utilizadas em sistemas RV são: rádio (VHF/UHF), telefonia móvel e satélite.

a) Rádio

As ondas de rádio operam na freqüência UHF/VHF (*ultra high frequency* e *very high frequency*) e permitem a comunicação bidirecional de voz e dados. Embora seja o meio mais antigo de comunicação utilizado no transporte rodoviário e de baixo custo, sua abrangência está restrita às áreas cobertas pela infra-estrutura instalada.

As duas principais desvantagens são o elevado custo de ampliação da rede de antenas e o aumento das interferências de comunicação nos centros urbanos verticalizados, como acontece com algumas estações de rádio AM e FM em determinadas partes das cidades.

b) Telefonia móvel

Os sistemas de telefonia móvel permitem a comunicação por meio de voz, mensagem de texto (SMS) e por protocolos de troca de dados. Sua área de cobertura expandiu-se muito nos últimos anos, abrangendo praticamente todos os pequenos, médios e grandes centros urbanos brasileiros, além das principais rodovias.

O avanço das tecnologias de transmissão de dados por telefonia móvel e a extensão e o crescimento das redes das operadoras pelo País permitem que essa tecnologia se destaque como o modo dominante de comunicação em sistemas RV.

Os novos sistemas de geração 2,5 G permitem transmissão de dados em alta velocidade (banda larga). A seguir, são apresentadas as características da tecnologia 2,5 G, presente hoje no País, e, na seqüência, há um diagrama com a evolução da tecnologia de comunicação móvel (Fig. 1.8).

Protocolo CDMA

:: 1xRTT – comunicação de dados via IP (144 kbs);

:: SMS – mensagens de texto;

:: CDMA – voz e comunicação discada de dados (9.600 bps);

:: AMPS – voz e comunicação discada de dados (1.200 bps).

Protocolo GSM

:: GPRS – comunicação de dados via IP (115 kbs);

:: SMS – mensagens de texto;

:: GSM – voz e comunicação discada de dados (9.600 bps).

A utilização dos protocolos de comunicação existentes no mercado varia conforme a demanda da aplicação, os recursos disponíveis, o relevo das áreas de cobertura e os propósitos antevistos. Os módulos de comunicação atuais são multiprotocolo, com diferentes padrões de comunicação de voz, dados e texto, conforme os requisitos ou a disponibilidade do serviço. Sua grande vantagem é o baixo custo de comunicação.

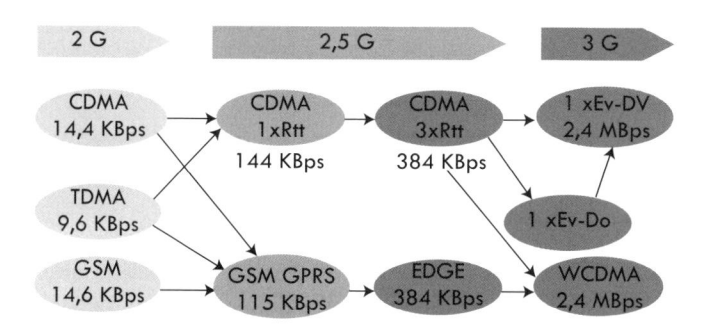

Fig. 1.8 Tendência de evolução dos protocolos de comunicação móvel
Fonte: Vivo <https://www2.tco.net.br>.

As tecnologias de terceira geração (3G) devem oferecer uma capacidade muito maior de transmissão de dados do que as predecessoras. Também é importante destacar que o sistema multiprotocolo, dos sistemas computacionais de gestão RV, facilita a utilização de distintas tecnologias, aumentando a flexibilidade e evitando limitações de abrangência no território nacional. No Cap. 2 são apresentadas mais informações relacionadas à telefonia celular.

c) Satélite

Esse tipo de sistema de comunicação permite a troca de mensagens entre os veículos e suas bases de operação por meio de satélites e oferece a possibilidade de cobertura global. O equipamento embarcado transmite os dados de localização, segurança e comunicação para o satélite, que os retransmite à Central de Gerenciamento. O caminho inverso da comunicação é possível, pois o sistema é bidirecional (Fig. 1.9).

Fig. 1.9 Esquema de funcionamento da comunicação via satélite
Fonte: <www.autotrac.com.br>.

A maior vantagem em relação aos outros meios é a abrangência ilimitada, uma vez que não necessita de instalação de infra-estrutura terrestre. Entretanto, o alto custo dessa comunicação por satélite representa sua maior desvantagem.

Há dois tipos de satélite de comunicação utilizados em RV: os geoestacionários e os de órbita baixa. Os satélites geoestacionários estão posicionados sobre o equador, a uma altitude aproximada de 36 mil km, e possuem cobertura continental. A órbita do OmniSat e do Inmarsat, que cobrem o Brasil, possui essa denominação pelo fato de sua velocidade de rotação ser idêntica à do planeta e, portanto, os satélites parecerem estacionários no espaço.

A constelação de satélites de órbita baixa apresenta comportamento semelhante ao GPS, embora sua altitude seja de aproximadamente 1.400 km. O GlobalStar e o Orbcomm, exemplos desse tipo de sistema, possuem cobertura global e custos inferiores aos dos geoestacionários. Entretanto, o valor e o tamanho do equipamento embarcado são elevados.

De maneira geral, as principais vantagens da comunicação por satélite são:

:: extensão da área de cobertura;
:: monitoramento contínuo, em todo o território nacional, ideal para o controle de frotas em operação em regiões remotas, sem cobertura da rede celular.

Suas principais desvantagens:

:: alto custo do sistema (*hardware* embarcado);
:: alto custo de comunicação;
:: antena externa de grande dimensão evidencia o uso do sistema;
:: dependência dos sinais dos satélites, que podem ser obstruídos.

No Cap. 2 são apresentadas mais informações relacionadas à comunicação por satélites.

d) Comparação dos sistemas de comunicação

A quantidade e a repercussão de cada uma das variáveis dos sistemas de comunicação RV podem ser de difícil compreensão em um primeiro momento. As vantagens e desvantagens dos sistemas, entretanto, são sumarizadas na Tab. 1.4.

Tab. 1.4 :: Comparação das características dos sistemas de comunicação

Canal de comunicação	Vantagens	Desvantagens	Utilização recomendada
Satélite geoestacionário	Disponibilidade de sinal	Preço elevado	Viagens longas; uso em localidades não cobertas por celular; localização de objetos de alto valor
Satélite órbita baixa	Equipamento e comunicação mais baratos do que o geoestacionário; cobertura mundial	Sinal nem sempre disponível	Viagens longas, localizando objetos de menor valor ou risco; poucos posicionamentos por dia
Telefonia celular	Equipamento simples e barato; os protocolos CDMA, GSM e GPRS têm custo de comunicação muito baixo	Sinal restrito às áreas de cobertura (em contínua expansão)	Uso em localidades urbanas e rodovias com sinal de celular
Rádio	Comunicação extremamente barata; sinal sempre presente na área de cobertura	Pequeno raio de cobertura; custo para manter e ampliar cobertura	Localização em regiões conhecidas e com cobertura; localização urbana

1.2.3 Equipamentos embarcados

Conforme será detalhado no próximo capítulo, os equipamentos embarcados abrangem todos os dispositivos do sistema RV associados ao veículo ou à carga transportada. Eles podem ser considerados como extensões móveis dos três principais sistemas: de aquisição (posicionamento e estado do veículo), de comunicação e de gestão das informações.

Esses dispositivos cumprem distintas funções, como o armazenamento e o processamento de dados, a comunicação e a detecção do estado do veículo, a atuação sobre o veículo e a interação com o motorista. Em uma configuração típica, um veículo que integra um sistema RV é equipado com:

:: Módulo de processamento;
:: Módulo de interação;
:: Sensores e atuadores.

a) Módulo de processamento

Esse equipamento faz o processamento e o armazenamento de dados a bordo do veículo. Às vezes, pode dispor de inteligência embarcada, que confere ao veículo funcionalidades que permitem uma operação local com menor custo de comunicação e supervisão, pois um grande número de tarefas pode ser executado de forma automática, deixando para a central de controle somente os casos de exceção. Alguns exemplos de inteligência embarcada são:

:: cerca eletrônica;
:: controle de senhas para várias operações;
:: gestão de eventos com múltiplos disparadores baseados em horários, velocidade, distância, desvio de rota, entrada e saída de cercas, mudanças de direção etc.

O módulo de processamento também é responsável pela integração com os sensores, os atuadores e outros periféricos, como leitores de cartão, de códigos de barra e impressoras.

Os equipamentos mais sofisticados podem ter funcionalidades embarcadas na forma de programas; por exemplo, ser capazes de calcular se as coordenadas geográficas do veículo estão no interior de uma cerca eletrônica, ou seja, uma área prevista para o deslocamento do caminhão. Os mais simples armazenam dados que são descarregados em horários preestabelecidos ou na chegada do veículo ao destino ou central de controle.

b) Módulo de interação

O módulo de interação realiza a troca de informações entre o tripulante e a central de operações, além de gerenciar algumas funções do veículo. Existem diversas configurações de módulos, dos mais simples, que só permitem a troca de mensagens-padrão, aos mais sofisticados, que permitem até a programação do módulo de processamento. A simplicidade operacional e a robustez devem ser as características mais importantes no processo de avaliação e seleção desse sistema.

Os principais tipos de equipamentos são:
:: *display*;
:: teclado;
:: conjunto integrado.

Os *displays* são telas que indicam o estado do veículo e recebem informações textuais e gráficas da central de controle. Os teclados de comunicação permitem ao tripulante enviar mensagens textuais, pré-formatadas e macros. Embora também possuam pequenas telas para visualizar o processo comunicação, foram desenvolvidas para enviar dados. O conjunto integrado é composto por *display* e teclado em um único equipamento. São projetados para utilização na comunicação bidirecional de dados, em veículos automotivos, permitindo enviar e receber mensagens em texto, com formato simplificado ou fixo.

c) Sensores e atuadores

Os sensores são os dispositivos que fornecem dados sobre a operação e o estado do veículo. Como mostra a Fig. 1.10, sensores de deslocamento, de ignição, de abertura de portas, da tampa do baú, de presença na cabine, de engate da carreta, temperatura do motor e de nível de combustível são exemplos de dispositivos que podem ser instalados nos veículos.

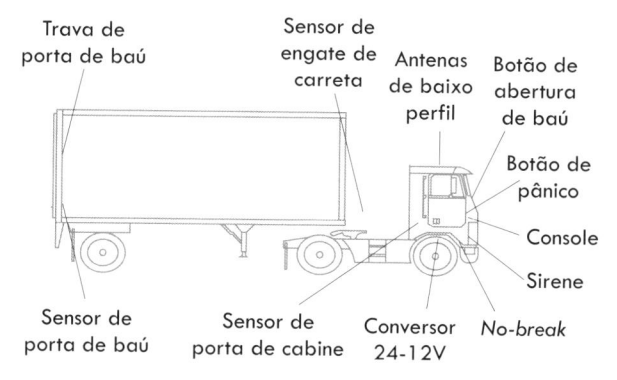

Fig. 1.10 Exemplos de equipamentos embarcados
Fonte: <www.graber.com.br>.

Os equipamentos atuadores são os dispositivos que permitem a intervenção da central de controle no funcionamento do veículo de carga. Os mais utilizados são os de bloqueio de combustível e ignição, de travamento das portas e baú, sirene, pisca alerta e o acionamento de componentes diversos.

1.2.4 Gestão da informação

Esses sistemas gerenciam as informações sobre o posicionamento e o estado dos veículos. A administração desses dados pode ser centralizada ou descentralizada, e requer equipamentos de comunicação, de armazenamento e de processamento.

a) Gestão centralizada

A gestão centralizada de um sistema RV pressupõe a existência de uma central de controle, onde se dá a integração das informações levantadas no veículo com os dados espaciais e o gerenciamento com recursos de geoprocessamento.

A central de controle é a unidade responsável pelo gerenciamento de toda a rede de infra-estrutura relativa a:

:: comunicação;
:: integração de todos os modos de comunicação (satélite, rádio, telefonia, Internet);
:: processamento de dados;
:: servidores de dados, servidores de mapas, estações de trabalho, rede local etc.;
:: banco de dados.

A central de controle também é responsável pela gestão da informação propriamente dita, que consiste em:

:: prover uma interface de visualização para o operador ou o usuário final;
:: executar um *software* de gestão específico para cada tipo de operação (por exemplo, controle de frota de táxi, frota de caminhão, entregas urbanas, gerenciamento de tráfego, gerenciamento de resgates, controle de risco etc.);
:: distribuir os dados (consultas, relatórios).

Além de alimentar um banco de dados alfanuméricos, se for preciso apresentar essas informações em formato gráfico (interface visual), são necessários:

:: Sistemas de Informações Geográficas (*software*);
:: Base de dados cartográfica.

Esse tipo de aplicação RV deve ser capaz de conhecer, em tempo adequado, a localização de um veículo sobre uma base de dados cartográfica. Para tanto, os dados de posicionamento devem ser convertidos para o mesmo sistema de coordenadas e Datum – sistema de referência para as coordenadas geodésicas – da base de dados, além de ter exatidão cartográfica compatível.

As bases de dados geográficos são compostas por mapas vetoriais de vias (eixo central) georreferenciados – ou seja, com coordenadas conhecidas – e por informações alfanuméricas armazenadas em um banco de dados. De forma complementar aos mapas vetoriais básicos, alguns atributos são comuns às bases cartográficas para as aplicações RV:

Atributos de navegação:

:: mãos de direção;
:: saídas de vias expressas;
:: velocidade média;
:: restrição de conversão.

Atributos gerais:

:: áreas de risco;
:: pontos de interesse.

A apresentação dos dados ocorre basicamente de duas formas:

:: visualizações gráficas (Fig. 1.11);
:: relatórios alfanuméricos (Fig. 1.12).

1::Fundamentos do Rastreamento de Veículos (RV)   37

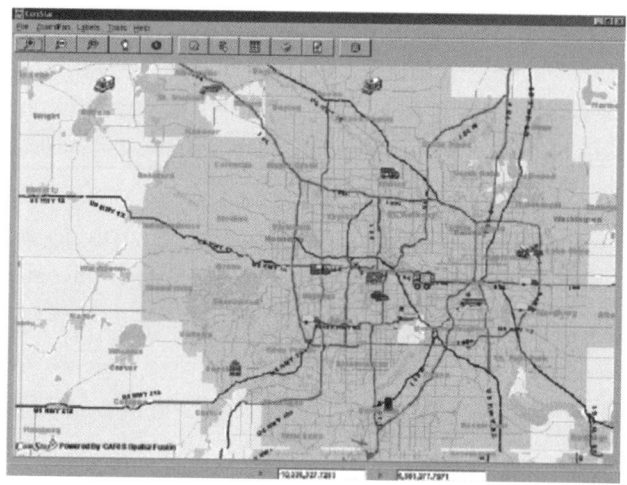

Fig. 1.11 Exemplo de apresentação gráfica

Data	Localização	Motivo	Velocid.	Ignição
29/01/2009 00:30:13	ROD PR-317 (RODOVIA DEPUTADO SILVIO BARROS) a 2 km de Iguaracu-PR	Posição automática	109	S
29/01/2009 00:30:18	ROD PR-317 (RODOVIA DEPUTADO SILVIO BARROS) a 2 km de Iguaracu-PR	Posição automática	101	S
29/01/2009 00:30:26	ROD PR-317 (RODOVIA DEPUTADO SILVIO BARROS) a 2 km de Iguaracu-PR	Posição automática	0	N
29/01/2009 00:30:31	ROD PR-317 (RODOVIA DEPUTADO SILVIO BARROS) a 2 km de Iguaracu-PR	Posição automática	42	S
29/01/2009 00:30:34	ROD PR-317 (RODOVIA DEPUTADO SILVIO BARROS) a 2 km de Iguaracu-PR	Posição automática	43	S
29/01/2009 00:30:36	ROD PR-317 (RODOVIA DEPUTADO SILVIO BARROS) a 2 km de Iguaracu-PR	Posição automática	45	S
29/01/2009 00:30:51	ROD PR-317 (RODOVIA DEPUTADO SILVIO BARROS) a 2 km de Iguaracu-PR	Velocidade 1 excedida	0	N
29/01/2009 00:31:24	ROD PR-218 (RODOVIA DEPUTADO ARNALDO BUSATO) a 2 km de Iguaracu-PR	Posição automática	103	S
29/01/2009 00:31:46	PR-218 (RODOVIA DEPUTADO ARNALDO BUSATO) a 2 km de Iguaracu - PR	Posição automática	103	S
29/01/2009 00:32:26	PR-218 (RODOVIA DEPUTADO ARNALDO BUSATO) a 3 km de Iguaracu - PR	Posição automática	0	N
29/01/2009 00:33:02	PR-218 (RODOVIA DEPUTADO ARNALDO BUSATO) a 5 km de Iguaracu - PR	Posição automática	108	S
29/01/2009 00:33:21	ROD PR-317 (RODOVIA DEPUTADO SILVIO BARROS) a 5 km de Iguaracu - PR	Posição automática	101	S
29/01/2009 00:33:57	ROD PR-317 (RODOVIA DEPUTADO SILVIO BARROS) a 5 km de Munhoz de - Melo - PR	Posição automática	0	N
29/01/2009 00:34:32	ROD PR-317 (RODOVIA DEPUTADO SILVIO BARROS) a 4 km de Munhoz de - Melo - PR	Posição automática	0	N
29/01/2009 00:35:06	ROD PR-317 (RODOVIA DEPUTADO SILVIO BARROS) a 4 km de Munhoz de - Melo - PR	Posição automática	0	N
29/01/2009 00:35:38	ROD PR-317 (RODOVIA DEPUTADO SILVIO BARROS) a 5 km de Munhoz de - Melo - PR	Posição automática	117	S

Fig. 1.12 Exemplo de relatório alfanumérico

Os programas utilizados para a gestão das informações são específicos para cada variedade de operação. A gama de funcionalidades engloba:

:: notificação e tratamento de exceções;
:: visualização por mapas digitalizados, com consulta das posições do veículo, cadastro de referências, verificação dos pontos de parada, pesquisas de veículos mais próximos de um determinado ponto, definição de rotas, e medição de distâncias no mapa;

:: envio, para o motorista, de mensagens em formato livre ou pré-formatado (formulários eletrônicos) e envio de comandos para o módulo de processamento;

:: cadastro de dados dos equipamentos, dos veículos, da carga, dos motoristas, das programações de viagem, da cerca eletrônica, dos comandos e das ações autorizadas.

Esses softwares devem ser capazes de gerir o histórico das atividades do veículo. Tanto o histórico como o estado atual do veículo podem ser acessados por diferentes vias:

:: Internet;

:: mensagem de voz;

:: mensagem de texto (SMS);

:: dispositivos móveis (PDA).

Caso a Internet seja utilizada como meio de transmissão de dados, são indispensáveis servidores de dados, de mapas e conexão banda larga na Web. Embora isso represente um elevado custo de implementação e operação, garante o controle interno de todas as fases do processo. Essa opção pode ser imprescindível para as atividades que exigem alto nível de segurança e sigilo.

b) Gestão descentralizada

As soluções RV que permitem a gestão descentralizada utilizam a Web e estão relacionadas ao modelo *Application Service Provider* (ASP). Esses serviços oferecem soluções específicas para uma grande variedade de operações, com custos baixos, uma vez que o usuário deixa de implantar um sistema próprio de gestão. Com isso, há grande redução de gastos, economizando-se com *hardware*, *software*, compra e manutenção da base de dados, treinamento e gestão de pessoal, desenvolvimento de aplicativos e, sobretudo, no custo de atualização tecnológica, que onera pesadamente uma empresa, mas, quando partilhado por inúmeras usuárias de um serviço ASP, torna-se baixo.

A gestão descentralizada ocorre por meio de:

:: servidores de posição;

:: servidores de mapas;

:: servidores de soluções.

No caso de gestão descentralizada, o administrador deve ter um sistema de comunicação confiável com a empresa que oferece o serviço ou diretamente com o veículo, caso o equipamento embarcado contenha uma unidade de processamento mais sofisticada. A Fig. 1.13 ilustra um exemplo de roteiro de um sistema operacional com inteligência embarcada.

```
1) Planejamento Prévio
Itinerário e local de destino
Regras de segurança e controle
Registros e reações do rastreador (em
termos de tempo e espaço)

2) Programação do rastreador
Download over-the-air

3) Controle dinâmico pelo rastreador inteligente
Localização do veículo e status dos sensores
Acionamento dos atuadores
Comunicação com a central

4) Base de dados SQL na central
Histórico, relatórios, análises de resultados
```

Integração c/ back-office: roteirizador faturamento despacho

Realimentação e otimização

Integração c/ back-office: web, logística

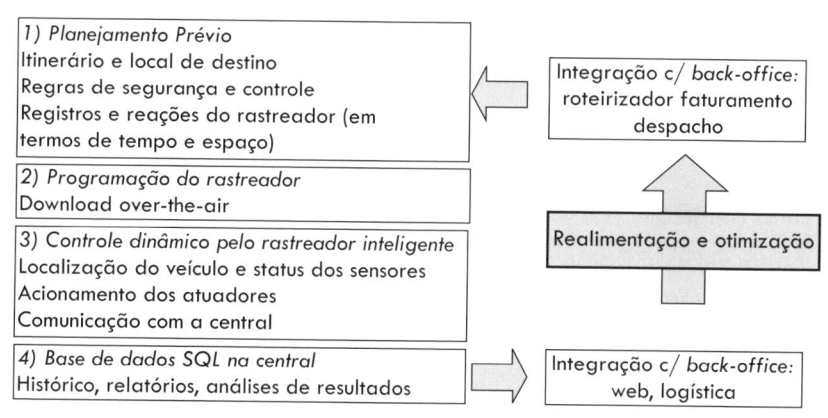

Fig. 1.13 Exemplo de sistema operacional embarcado

Com a elevação da taxa de transmissão de dados pela Web e a sistemática redução de custo, a Internet está se transformando no meio mais utilizado de comunicação. As "soluções Internet", ou seja, os serviços que usam esse meio, têm utilizado majoritariamente a tecnologia ASP. Além de as funcionalidades dessa tecnologia permitirem uma considerável redução do custo total do sistema RV, possibilitam unificar o ambiente de operação, independentemente das tecnologias envolvidas, e permitem a integração com os sistemas corporativos.

c) Circunstâncias do mercado

O mercado de RV pode ser agrupado de acordo com as circunstâncias dos segmentos de telecomunicações, equipamentos e serviços. Os elementos mais importantes do mercado das telecomunicações são:

:: sistemas baseados em satélites são cada vez menos utilizados;
:: sistemas de rádio proprietários existem apenas em nichos;
:: heterogeneidade das coberturas dos sistemas de comunicação celulares;
:: custo de comunicação celular cada vez mais baixo, com a concorrência agressiva entre as operadoras (protocolos AMPS, TDMA, CDMA, GPRS);
:: tendência de convergência para GPRS, cuja cobertura está em franco crescimento.

No que se refere às circunstâncias do mercado de equipamentos que integram os sistemas RV, destacam-se:

:: grande variedade de equipamentos embarcados;
:: alto custo para melhorias, migração e atualização;

- diversidade de oferta e similaridade de utilidades;
- equipamentos e receptores de satélite a preços impeditivos;
- embarcados com comunicação celular a preços atraentes;
- indústria local ainda apresenta resquícios de produção artesanal;
- indústria eletrônica formal começa a se interessar pelo setor.

Algumas constatações do setor de serviços RV:
- o custo de comunicação via satélite limita as aplicações em logística;
- preponderam as aplicações em segurança;
- o gerenciamento de risco é primário, por vezes ingênuo, realizando quase que exclusivamente o acompanhamento simples de roteiro de viagem;
- a interação humana é preponderante nos sistemas de controle;
- os serviços mais sofisticados e eficientes, que despertam o interesse dos clientes, estão surgindo;
- a maioria dos usuários ainda ignora aplicações mais complexas.

Finalmente, deve-se ressaltar também a ascensão de aplicações correlatas, como:
- equipamentos de navegação embarcados;
- receptores de informações de tráfego;
- viva-voz com suporte *help-desk*;
- sensores para diagnose e manutenção remota de dispositivos veiculares (*airbag*, baterias, motor, suspensão, freios etc.);
- bilhetadores automáticos para frotas de ônibus, catracas;
- *softwares* de controle e gerenciamento *on-line* de frotas de táxi;
- integração de rastreadores com PDA, celulares, *notebooks* etc.

1.3 :: CONSIDERAÇÕES FINAIS

Os sistemas RV processam dados espaciais e temporais de veículos, além de outros dados sobre o seu estado (porta aberta, velocidade etc.). Em um cenário de contínuo desenvolvimento tecnológico, os custos da implementação tornam-se a cada dia mais baixos e, simultaneamente, ampliam-se as funcionalidades e opções de monitoramento e de controle do transporte de carga.

Portanto, os aspectos mais importantes para a adoção e operação de sistemas RV são:

- há quatro componentes principais: sistema de aquisição (posicionamento e estado do veículo), sistema de comunicação, equipamentos embarcados e sistema de gestão;
- a especificação depende do tipo de operação do gestor da frota, do modelo de monitoramento espacial, do tipo de carga e das características do deslocamento (distância, tipo de vias de transporte e região que o veículo percorre);
- os principais tipos de monitoramento espacial são contínuo, descontínuo ou híbrido;
- os atributos mais importantes do monitoramento são a exatidão das coordenadas geográficas, a freqüência de obtenção e transmissão de dados, além do custo associado;
- o êxito da implementação está cada vez mais relacionado à comparação das alternativas tecnológicas de monitoramento; à integração dos sistemas, de posicionamento e corporativos; à exploração e análise dos dados gerados pela operação (coordenadas, tempo de percurso, paradas etc.); e à redução de custos de implantação, manutenção e comunicação.

Embora várias empresas ofereçam soluções integradas para o monitoramento de frotas, destaca-se o crescimento do número de sistemas e de funcionalidades oferecidos via Web, por meio da tecnologia ASP. A um custo baixo, permitem a integração com o ambiente de gestão da frota, independentemente das tecnologias empregadas.

2 :: As Tecnologias no Mercado

Este capítulo descreve as tecnologias no mercado de rastreamento de veículos, com as principais condicionantes e restrições regionais de cada uma, as aplicações em operação comercial e as possibilidades de novas aplicações. São apresentados os limitantes de cobertura, confiabilidade de informação e segurança específicos para o caso brasileiro. Alguns aspectos mencionados no capítulo anterior serão abordados com maior profundidade.

O conhecimento dos fundamentos das técnicas empregadas em comunicação por radiofreqüência é importante para o entendimento das diversas tecnologias descritas nos itens seguintes, razão de sua apresentação resumida no Apêndice. Sugere-se a sua prévia leitura àqueles pouco familiarizados com esse tema.

2.1 :: IDENTIFICAÇÃO EM CURTAS DISTÂNCIAS POR RADIOFREQÜÊNCIA (RFID)

A identificação por radiofreqüência, ou RFID (RF – *radio frequency,* ID *identification*), é um método de identificação automática de objetos, locais ou seres vivos, por meio do qual um equipamento leitor pode identificar dispositivos RFID, chamados de *etiquetas RFID* (ou *tags*), a uma pequena distância, mediante o envio de sinal de rádio ao dispositivo a ser identificado, o qual, em resposta, envia algum tipo de código de identificação e, opcionalmente, outras informações.

As etiquetas RFID apresentam tamanho reduzido, para serem instaladas com facilidade nos objetos de interesse à identificação. Os dispositivos são compostos por uma antena, um circuito eletrônico integrado (*chip*) e, opcionalmente, uma fonte de energia. O código de cada categoria de etiquetas é único, e o número de combinações é muito grande. Existem padrões que utilizam 10 bytes – ou 80 bits – para representar o código, correspondendo a 2^{80} combinações, aproximadamente $1,2 \times 10^{24}$.

Há três tipos de RFID, classificados conforme a maneira como a energia elétrica é fornecida para o circuito eletrônico que o compõe: os *RFID Passivos* não possuem fonte de energia permanente para operar; os *RFID Ativos* possuem fonte de energia interna, geralmente química (baterias); e os *RFID Semipassivos (ou Semi-ativos)* possuem apenas uma pequena fonte de energia.

2.1.1 RFID Passivos

O dispositivo RFID Passivo não possui alimentação própria, sendo alimentado pela energia que provém do próprio sinal de rádio emitido pelo dispositivo leitor durante a operação de leitura. Para que isso seja possível, ele é projetado com um circuito eletrônico de baixíssimo consumo, associado a uma antena projetada para obter uma tensão elétrica suficientemente grande para alimentar o circuito ao receber um sinal eletromagnético na freqüência da portadora do leitor de RFID. A mesma antena é empregada para enviar de volta a resposta aos comandos recebidos, modulada em uma portadora de menor freqüência. Quando não há comunicação, o dispositivo permanece desligado.

Como a energia disponível para o envio da resposta é muito pequena, os dispositivos passivos possuem um alcance bastante limitado, e devem estar na proximidade do dispositivo leitor, em distâncias que variam de poucos centímetros a um metro. O leitor recebe sinais de rádio de potência muito pequena nas respostas das etiquetas passivas, e por isso é muito suscetível a interferências diversas e à presença de objetos metálicos ou de fluidos, que podem isolar o sinal de resposta enviado pela etiqueta RFID: essa é uma das suas principais limitações. Por outro lado, apresentam baixo custo.

Um exemplo de aplicação desses dispositivos são os cartões para pagamento de passagens de ônibus e metrôs em algumas cidades. Além da identificação, possibilitam outras funções, constituindo um *smart card* (na cidade de São Paulo, denominam-se Bilhete Único).

a) Princípio de funcionamento

A antena do dispositivo leitor e a antena da etiqueta de RFID são condutores elétricos, enrolados de forma a constituírem bobinas ou *indutores*. A circulação de corrente elétrica na bobina (antena) do leitor ocasiona perturbações no campo eletromagnético à sua volta, que, caso esteja a uma distância adequada da bobina (antena) da etiqueta de RFID, vai provocar nela a circulação de corrente elétrica. Esta deve ser suficiente para a alimentação do circuito eletrônico da etiqueta, além de servir como meio para o envio de mensagens do leitor à etiqueta, mediante algum tipo de *modulação*.

O dispositivo com essas propriedades – dois indutores acoplados magneticamente – é chamado de *transformador*. Ele permite que a energia elétrica seja transferida de um lado (*circuito primário*) para o outro (*circuito secundário*), por meio do campo eletromagnético entre eles, podendo então alimentar um dispositivo elétrico que esteja conectado ao secundário. Na Fig. 2.1, observa-se o transformador alimentar a carga, que consome a corrente elétrica i_2. A corrente elétrica que circula no seu "primário" (i_1) vai ser proporcional à corrente na carga, ou seja, se i_2 aumentar, i_1 também aumentará.

Esse é o mecanismo básico por meio do qual as etiquetas de RFID se comunicam com o leitor, modulando a corrente consumida pelo circuito conectado à antena, que vai, por sua vez, alterar a corrente que passa pela antena do leitor, por causa do acoplamento magnético entre elas. A variação na corrente da bobina, medida pelo circuito eletrônico do leitor, indica a recepção de bits de resposta provenientes das etiquetas RFID.

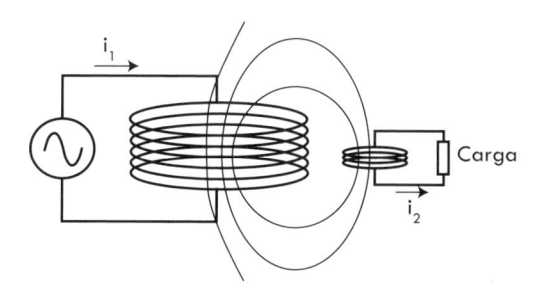

Fig. 2.1 Acoplamento magnético entre as antenas transmissora e receptora

A Fig. 2.2 apresenta os componentes típicos de uma etiqueta de RFID.

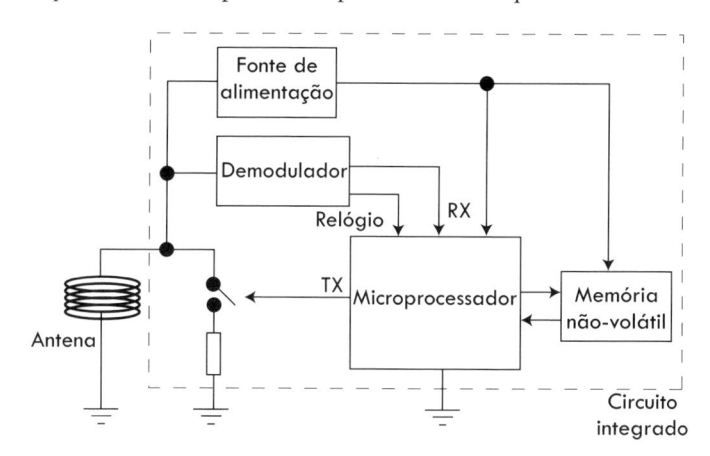

Fig. 2.2 Componentes de uma etiqueta de RFID

O módulo de "fonte de alimentação" realiza a conversão da tensão alternada que foi induzida na bobina-antena em tensão elétrica contínua para a alimentação do microprocessador e da memória não-volátil, durante uma comunicação com o leitor. Geralmente, ele provê também um sinal de *reset* ao microprocessador para reiniciá-lo, dando início a uma nova comunicação quando a presença de energia é verificada na antena.

O *demodulador* detecta a presença da freqüência da portadora no sinal captado pela antena, e o sinal *RX* enviado ao microprocessador indica a recepção de dados nessa freqüência. Em geral, esse módulo também é responsável por gerar o sinal de *relógio* do microprocessador, derivado diretamente da freqüência do sinal da portadora.

O processamento realizado pelo *microprocessador* consiste em tratar os sinais recebidos pelo demodulador, providenciando suas respectivas respostas com o sinal *TX*, consultando a *memória não-volátil* para obter as informações que devem ser enviadas (código de identificação, por exemplo). A memória do sistema deve ser obrigatoriamente não-volátil (do tipo ROM, EEPROM ou Flash), pois sua alimentação é removida quando não existe comunicação.

O sinal de TX, que indica que um bit está sendo transmitido ao leitor de RFID, é usado para ligar uma carga adicional ao circuito da bobina, com o objetivo de aumentar a corrente consumida, o que será percebido pelo dispositivo leitor.

b) Características dos dispositivos

Com o objetivo de uniformizar os tipos de etiquetas de RFID, alguns padrões vêm sendo propostos, como a norma IEC-14443, que especifica características bem definidas de freqüência de operação e protocolos de comunicação. Segundo essa norma, a portadora do sinal de RF enviado pelo leitor possui a freqüência de 13,56 MHz, que permite a leitura a distâncias entre 1 m e 2 m, e não é muito afetada por interferências do ambiente, como a presença de líquidos. As etiquetas RFID devem responder modulando uma subportadora de freqüência de 847,5 kHz. Nos dois sentidos, é especificada a taxa de comunicação de 106 kbps. Existem dois tipos de dispositivos RFID que a norma define:

:: **Tipo "A"**: usa modulação de chaveamento de portadora (OOK ou *on-off-keying*), com codificação digital Miller, para o envio de informações do leitor à etiqueta. Como a portadora é ligada e desligada, esse tipo tem o inconveniente de necessitar que as etiquetas possuam mecanismos para armazenamento temporário de energia enquanto a portadora está ausente. As respostas são enviadas em modulação de amplitude da corrente de carga, com codificação digital Manchester;

:: **Tipo "B"**: usa modulação em amplitude, chaveando entre 100% e 90% da amplitude máxima, de maneira que a portadora está sempre presente para alimentar as etiquetas de RFID. As respostas são enviadas na freqüência da subportadora em modulação de amplitude da corrente de carga, com modulação de fase para o envio da informação digital.

Existem também dispositivos RFID híbridos, capazes de identificar o tipo do leitor e responder de forma adequada, tanto a leitores do tipo "A" quanto do tipo "B". Dadas as suas características mais interessantes, o mercado tem demonstrado maior interesse pelos dispositivos do tipo "B".

O processo de comunicação segue estas etapas:

:: a portadora de 13,56 MHz é ativada pelo leitor, e passa a alimentar as etiquetas RFID; nenhuma modulação ocorre e o sinal permanece ocioso;
:: após o tempo de *set-up* das etiquetas, o leitor envia uma mensagem de leitura, por meio de modulação do sinal de 13,56 MHz, iniciando com um símbolo de sincronismo (*start of frame*);
:: após o envio da mensagem de leitura, o leitor volta ao estado ocioso, sem a modulação do sinal da portadora, para aguardar a mensagem de resposta;
:: antes da recepção de qualquer comando, a etiqueta permanece ociosa, sem gerar qualquer sinal na freqüência da subportadora;
:: depois de receber uma mensagem de leitura, para o envio da respectiva resposta, a etiqueta ativa o sinal da subportadora sobre a corrente de carga, após um tempo de guarda mínimo (76 μs), e o mantém ocioso por um tempo de sincronismo (76 μs) antes do envio da mensagem de resposta;
:: a etiqueta envia a mensagem de resposta, iniciando com um símbolo de sincronismo (*start of frame*);
:: após o final da mensagem, a etiqueta permanece enviando à subportadora um sinal por um tempo de guarda (19 μs), desligando-o em seguida;
:: caso o leitor identifique a ocorrência de conflito por causa da recepção de mensagens provenientes de várias etiquetas (colisão), pode iniciar um processo de *protocolo anticolisão* para a leitura de todas as etiquetas presentes individualmente, após um tempo de guarda mínimo (130 μs);
:: quando o leitor verifica a correta leitura das informações, remove o sinal da portadora após um tempo de guarda mínimo (130 μs).

Esse processo é ilustrado na Fig. 2.3.

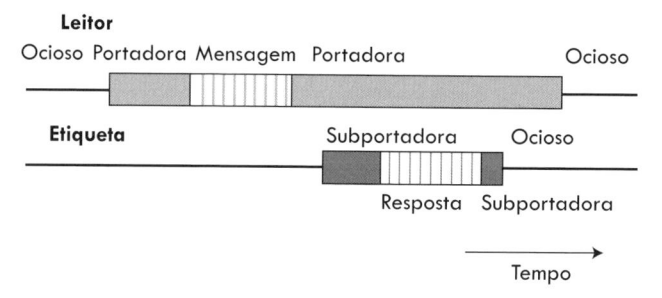

Fig. 2.3 Comunicação entre o leitor e a etiqueta

Além das etiquetas que operam na faixa de 13,56 MHz, também conhecidas como RFID HF (ou RFID de Alta Freqüência), tem-se:

- as RFID LF (RFID de Baixa Freqüência), que operam na faixa de 125 kHz; apresentam dimensões e custos reduzidos, mas permitem a leitura a uma distância bastante reduzida, inferior a 30 cm; como aplicações típicas desse tipo de etiqueta, tem-se o controle de acesso e segurança, rastreamento e identificação de animais;
- as RFID UHF (RFID de Ultra Alta Freqüência), que operam na faixa de 868 MHz a 950 MHz, possibilitando distâncias de leitura entre 2 m e 8 m; contudo, as condições normais do ambiente, como líquidos e metais, interferem bastante na leitura. Pode-se encontrar também sistemas que operam na faixa de 2,4 a 2,5 GHz, que permite a leitura em médias ou longas distâncias, até mesmo em objetos em alta velocidade; são normalmente utilizadas em veículos.

c) Protocolo de comunicação

O protocolo de comunicação previsto na norma IEC-14443 é relativamente simples, baseando-se em pedidos enviados pelo leitor e respostas enviadas pelas etiquetas. Toda mensagem completa é chamada *frame* de dados e possui um formato padronizado, iniciando sempre com um símbolo de sincronismo (*start of frame* ou SOF) e encerrando com um símbolo de terminação (*end of frame* ou EOF). Antes do símbolo de terminação, deve existir um campo de verificação de erros, chamado *cyclic redundancy check* ou CRC (Fig. 2.4).

SOF	Dados	CRC	EOF

Formato da mensagem

Fig. 2.4 Formato da mensagem

O campo de CRC é um valor redundante, ou seja, pode ser calculado com os dados do próprio *frame*, de forma que a comparação entre os valores do CRC calculado (*correto*) e do CRC recebido junto com a mensagem permite ao receptor da mensagem verificar a ocorrência de erro de comunicação, que corrompeu o valor correto dos bytes da mensagem. Caso a etiqueta verifique a recepção de uma mensagem com CRC incorreto, envia como resposta um *frame de aviso*, NAK, ou *no-acknowledgement*, e o leitor deverá enviar novamente a mensagem.

Se o *leitor* verificar a diferença de CRC, pode considerar que houve erro de comunicação, *ou* que houve *colisão* entre várias mensagens de resposta, provenientes de diferentes etiquetas respondendo ao pedido simultaneamente. No primeiro caso, ele reinicia o pedido anterior; no segundo caso, pode ter início uma etapa de anticolisão (descrita no próximo item), necessária para ler as informações de mais de uma etiqueta presente no raio de ação do leitor.

d) Protocolo anticolisão

Como mencionado, um sistema de identificação RFID pode ter acesso aos dados de diversas etiquetas que estejam simultaneamente ao alcance do dispositivo leitor, não sendo requerido que *apenas uma* etiqueta esteja presente. Para que isso seja possível, é necessário ao leitor ser capaz de verificar situações de *colisão*, ou seja, situações nas quais houve conflito de uso da freqüência da subportadora pelo fato de mais de uma etiqueta RFID transmitir dados ao mesmo tempo.

A situação de colisão pode ser verificada pela corrente de carga enviada às etiquetas, uma vez que esse valor de corrente vai ser proporcional ao número de etiquetas que retiram sua energia do sinal de radiofreqüência emitido pelo leitor. A colisão também é verificada quando da recepção de sucessivas mensagens de resposta corrompidas (conforme verificado por valor inválido do campo de CRC), o que é um indício de que está ocorrendo a superposição de mensagens provenientes de duas ou mais etiquetas RFID.

Verificada a colisão, o leitor inicia o processo anticolisão: envia um comando especial – recebido simultaneamente por todas as etiquetas envolvidas – às etiquetas com um número N de *time-slots* de leitura, que será utilizado em seguida, e solicitando que cada etiqueta escolha para si um número qualquer entre 1 e N, número que será o seu *time-slot*. Então, o leitor inicia a leitura dos *time-slots*, pedindo os dados da etiqueta de *time-slot* 1 até a etiqueta de *time-slot* N, sucessivamente. Cada etiqueta só poderá responder ao pedido cujo *time-slot* seja o mesmo que o seu, escolhido no início do processo, permanecendo em silêncio durante os demais.

Uma vez que os números de *time-slots* individuais das etiquetas é escolhido ao acaso por elas, pode ainda ocorrer colisão entre um grupo de etiquetas durante o processo de leitura. Nesse caso, o processo é repetido, para que as etiquetas escolham um conjunto diferente de *time-slots* individuais, de modo que não aconteça que duas etiquetas selecionem o mesmo número de *time-slot*. Se a situação persistir, o leitor pode aumentar o número total N de *time-slots* para reduzir a probabilidade de colisão e um número maior de etiquetas seja lido. Evidentemente, esse processo é bem mais demorado do que a leitura de uma única etiqueta de RFID.

e) Normas e regulamentação

A norma IEC-14443 é o padrão internacional que regula a especificação dos dispositivos de RFID, chamados de *Contactless Smart Cards* ou *Contactless Identification Cards*. Ela é dividida em quatro seções:

- Parte 1: elaborada em 2000, define as características físicas das etiquetas RFID, bem como as características ambientais que devem ser toleradas pelos dispositivos, sem lhes causar danos permanentes.
- Parte 2: elaborada em 2001, especifica a interface de radiofreqüência, em termos de freqüências e bandas de operação, bem como as potências dos sinais envolvidos e da regulamentação de interferência eletromagnética; são definidos os tipos "A" e "B" de dispositivos.
- Parte 3: elaborada em 2001, descreve o protocolo de comunicação, os comandos, os formatos dos *frames* e todos os tempos envolvidos na comunicação. O protocolo anticolisão também é definido.
- Parte 4: elaborada em 2001, apresenta protocolos de comunicação de nível mais alto, especificando informações que podem ser lidas, identificações especiais etc.; os protocolos são opcionais, podendo ou não ser implementados.

Além da ISO, existem outros fóruns de padronização e discussão da evolução da tecnologia, como o EPC global (www.epcglobalinc.org) e o Forum-nfc.

f) Fabricantes de dispositivos RFID

No mercado há um grande número de fabricantes de dispositivos RFID. Diversas empresas de microcircuitos passaram a adotar a norma IEC-14443 na produção de circuitos integrados e circuitos híbridos (já com a antena), incluindo-os na sua lista de produtos. A maioria dos dispositivos no mercado é produzida com a mesma tecnologia dos circuitos integrados (dopagem de material semicondutor sobre silício), e já estão em estudo circuitos integrados baseados em polímeros, que permitirão, no futuro, que os dispositivos RFID sejam produzidos como uma simples impressão, como se fossem um código de barras, a um custo muito reduzido.

Alguns dos fabricantes de dispositivos RFID são: Atmel, Philips Semiconductors e Microchip.

2.1.2 RFID Ativos

Os dispositivos RFID Ativos são funcionalmente similares aos dispositivos passivos, porém podem ser identificados a uma distância significativamente maior, por terem uma fonte própria de energia (em geral, uma bateria). Isso lhes permite transmitir com níveis de potência mais elevados do que os dispositivos passivos, podendo se comunicar a até dezenas de metros, dependendo do dispositivo. Naturalmente, eles apresentam maiores custos e dimensões pela presença da bateria, em geral de alta qualidade e de longa duração.

A disponibilidade de energia confere ao dispositivo algumas vantagens em relação ao passivo, pois possibilita ainda o armazenamento de informações recebidas do leitor, uma comunicação mais confiável e até mesmo a incorporação de sensores de temperatura e umidade, úteis, por exemplo, quando se deseja conhecer as condições de armazenamento e transporte de produtos. A presença de energia local permite ao dispositivo permanecer em funcionamento entre comunicações, período no qual ele eventualmente coleta informações e realiza processamentos diversos.

Um exemplo desse tipo de dispositivo é o empregado na cobrança eletrônica de pedágios e estacionamentos, que permite a identificação com o veículo em movimento com velocidade moderada (por exemplo, o dispositivo denominado Sem Parar, utilizado no Estado de São Paulo). Outro exemplo de aplicação desses dispositivos é o rastreamento de elementos de alto valor, como veículos e cargas.

Para maximizar a duração da bateria, o processador do dispositivo permanece em um estado de baixo consumo, do qual sai apenas quando detecta o sinal da antena de leitura (por exemplo, da praça de pedágio ou da entrada de um estacionamento), passando a transmitir o seu código até que dela se afaste, voltando ao estado de baixo consumo. Estima-se que, em condições normais de uso, as baterias desses dispositivos durem de 5 a 10 anos.

2.1.3 RFID Semipassivos (ou Semi-ativos)

Analogamente às etiquetas RFID Ativas, as Semipassivas têm uma fonte de armazenamento de energia, mas de pequena duração (em geral, uma bateria). A energia própria permite ao dispositivo o uso de antenas otimizadas para o envio de dados ao dispositivo leitor, realizado com sinal de rádio de maior potência, resultando em um alcance superior e com menor sensibilidade a interferências ambientais, em comparação aos RFID Passivos.

2.2 :: O SISTEMA DE TELEFONIA CELULAR NO BRASIL

2.2.1 Características gerais

O sistema de telefonia celular começou a ser implantado no Brasil em 1991 por empresas estatais, sendo posteriormente privatizado pelo governo brasileiro. O sistema passou por algumas reestruturações e mudanças tecnológicas até atingir a rede existente hoje, que inclui a operação de diversas empresas e diferentes tecnologias de comunicação, em todo o território nacional. Hoje o sistema suporta uma variedade de serviços, da comunicação de voz até o acesso a redes de dados por pacotes.

A evolução do sistema de telefonia celular é dividida em três grandes *gerações*, que representam modificações tecnológicas significativas em relação à geração anterior. A *primeira geração* (1G) corresponde aos sistemas analógicos, que não ofereciam muitos serviços além da comunicação de voz, nem apresentavam diferenciais significativos em relação à telefonia fixa, exceto pelo meio físico de comunicação. Foi a primeira tecnologia implantada no País.

A *segunda geração* (2G) começa com o advento das tecnologias de comunicação celular exclusivamente digitais, nas quais o sinal de voz é inicialmente codificado digitalmente, antes da sua transmissão. O emprego de sinais digitais em vez dos seus equivalentes analógicos permite o aumento significativo do número de usuários e uma correspondente redução no custo dos serviços oferecidos. Além disso, diversos serviços adicionais podem ser agregados à comunicação de voz, como, por exemplo, o envio de mensagens de texto, a manutenção de múltiplas chamadas simultâneas, a identificação de chamadas e até o uso do sistema como comunicação de *dados*.

A *terceira geração* (3G) emprega técnicas mais sofisticadas de rádio, de modo a elevar a capacidade de comunicação do sistema celular, com o objetivo de propiciar aplicações de banda larga, como a realização de videoconferências. Existe a proposta de uma *quarta geração*, que seria uma aplicação exclusiva de comunicação de dados em áreas metropolitanas, na qual uma das utilizações eventualmente seria a transmissão de voz propriamente dita.

No Brasil, as faixas de freqüência para o uso em telefonia celular foram alocadas em *bandas*, denominadas "A", "B", "D" e "E". Cada uma delas pode se apresentar em faixas de freqüências contínuas ou segmentadas, e são divididas em duas partes: uma, para uso das *estações móveis* ou *Unidades Móveis* (UMs; popularmente conhecidas como celulares) como transmissores, e outra, para uso das Estações Rádio-Base (ERBs) como transmissores. Em uma dada região, é concedido o uso de uma determinada banda para uma determinada empresa. A especificação das bandas de telefonia celular no Brasil é apresentada na Tab. 2.1.

Tab. 2.1 :: Especificação das bandas de telefonia celular no Brasil

Banda	Transmissão do celular (MHz)		Transmissão da ERB (MHz)	
A	824,0	835,0	869,0	880,0
	845,0	846,5	890,0	891,5
B	835,0	845,0	880,0	890,0
	846,5	849,0	891,5	894,0
D	910,0	912,5	955,0	957,5
	1.710,0	1.725,0	1.805,0	1.820,0
E	912,5	915,0	957,5	960,0
	1.740,0	1.755,0	1.835,0	1.850,0

Tab. 2.2 :: Regiões de concessão de uso de bandas de freqüência no Brasil

Região	
Região 1	São Paulo
Região 2	São Paulo
Região 3	Rio de Janeiro, Espírito Santo
Região 4	Minas Gerais
Região 5	Paraná, Santa Catarina
Região 6	Rio Grande do Sul
Região 7	Mato Grosso do Sul, Mato Grosso, Goiás, Tocantins, Rondônia, Acre
Região 8	Amazonas, Pará, Roraima, Amapá, Maranhão
Região 9	Bahia, Sergipe
Região 10	Piauí, Ceará, Rio Grande do Norte, Paraíba, Pernambuco, Alagoas

A banda A foi a primeira empregada no Brasil, para o sistema celular analógico implantado nos anos 1990. Por exigência da Agência Nacional de Telefonia (Anatel), qualquer operadora que atenda a banda A é obrigada a manter compatibilidade com o sistema analógico anterior, independentemente da tecnologia que empregar. Os primeiros sistemas da segunda geração passaram a operar sobre a banda B.

Geograficamente, o território do País foi dividido em dez *regiões* para efeito de concessão de uso das bandas de freqüência, conforme mostra a Tab. 2.2.

2.2.2 Arquitetura do sistema celular

A Fig. 2.5 ilustra os componentes do sistema celular e suas interligações, discutidos a seguir.

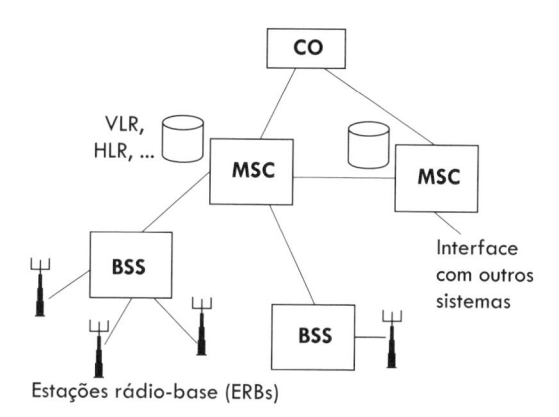

Fig. 2.5 Componentes do sistema celular e suas interligações

CO – Central de operação

MSC – Central de chaveamento (*mobile switching center*)

BSS – Subsistema de controle de células (*base station system*)

Os elementos individuais do sistema de comunicação celular são as, UMs que se comunicam sempre com uma ERB em um dado momento, e uma única ERB pode comunicar-se com diversas estações móveis simultaneamente, sobre uma região geográfica específica, conhecida como *célula*. Uma UM pode eventualmente transitar entre regiões que compreendam células adjacentes, podendo ser necessária a troca da ERB de comunicação, por meio de um processo automático chamado de *handover*.

As UMs são identificadas no sistema por um código individual, que é enviado às ERBs durante os processos de conexão e *handover*, e que permite identificar o *assinante* do serviço (*subscriber identity* ou SID), bem como o *equipamento* utilizado para o acesso ao serviço (*equipment identity* ou EID).

Diversas ERBs de uma região geográfica são agrupadas e controladas por um *subsistema de controle de células* (*base station system* ou BSS), que concentra as informações de todas as UMs presentes na área, independentemente das ERBs de acesso ou da ocorrência de *handover* entre elas. Uma *Central de Chaveamento* (*Mobile Switching Center* – MSC –, ou *Central Switching Center*) é responsável pelo controle da interligação lógica entre todas as UMs controladas por um conjunto de BSS, verificando e autenticando as informações dos seus SID individuais e guiando as informações destinadas para e provenientes de cada UM atendida em um dado momento.

Para que os processos de autenticação e roteamento sejam possíveis, as Centrais de Chaveamento acessam bases de informações sobre os assinantes, geralmente divididas em dois grupos: os assinantes locais (*Home Location Register* ou HLR) e os visitantes (*Visitor Location Register* ou VLR). Outras bases de informações podem ser necessárias em sistemas que permitam *conexões de dados*, para possibilitar a autenticação dos usuários de serviços especiais, como acesso a redes de dados públicas ou privadas (*Virtual Private Networks* ou VPN).

As Centrais de Chaveamento são interligadas entre si, possibilitando a comunicação de UMs em domínios diferentes e também a troca de informações entre *assinantes visitantes*, de maneira que um usuário de uma central utilize os serviços da mesma operadora em regiões afastadas, como visitante, em um processo denominado *roaming*. Nas Centrais de Chaveamento, existe a interligação entre a operadora de telefonia celular e outros sistemas, como a telefonia fixa, outras operadoras de telefonia celular, redes de dados públicas etc. A interligação entre duas operadoras de telefonia celular permite operações especiais de *roaming* de usuários visitantes em regiões onde a operadora de origem não possui concessão; contudo, isso somente é possível se a mesma tecnologia de comunicação for empregada nas duas regiões ou se o equipamento móvel do usuário visitante suportar ambos os sistemas.

Os sistemas de telefonia móvel também incluem uma ou mais *Centrais de Operação e Manutenção*, que monitoram o funcionamento das Centrais de Chaveamento, para realizar operações de manutenção dos canais de comunicação existentes entre elas, para otimizar o tráfego de informações a cada momento, ativando ou desligando conexões redundantes entre Centrais de Chaveamento, alterando suas bases de dados locais, e assim por diante.

2.2.3 TECNOLOGIAS DE COMUNICAÇÃO COM AS ESTAÇÕES MÓVEIS

Existem diversas tecnologias disponíveis para a comunicação entre as ERBs e as UMs do sistema celular, várias delas disponíveis no Brasil em diferentes áreas de cobertura e com alguns sistemas em operação dual (permitindo a operação em duas ou mais tecnologias diferentes). Os itens a seguir descrevem resumidamente o funcionamento de algumas dessas tecnologias de comunicação.

a) Sistema analógico: AMPS

O sistema denominado *Advanced Mobile Phone System* ou AMPS foi o primeiro sistema de telefonia celular implantado no Brasil. A sua cobertura pelas operadoras licenciadas para a banda de comunicação A foi obrigatória, segundo a legislação da Anatel, o que tornou a área de cobertura do sistema AMPS a maior do País.

O sistema AMPS é *analógico*, pertencente à primeira geração da telefonia celular, padronizado segundo a norma técnica internacional EIA-553. Seu princípio de operação é a *divisão do espectro de freqüência* de comunicação concedido à operação celular em um número de *canais*, de banda de freqüência limitada em 30 kHz, que podem ser alocados dinamicamente às diversas UMs para a comunicação entre elas e as ERBs, mediante a modulação do sinal de voz em *modulação em freqüência* (FM). Apenas *uma* UM pode utilizar um canal de freqüência em cada momento, o qual permanece alocado para ela enquanto durar a chamada realizada. Essa técnica é conhecida como *acesso múltiplo por divisão de freqüência* (*Frequency Division Multiple Access* ou FDMA).

O sistema AMPS foi projetado para permitir comunicação *full-duplex*, de forma equivalente ao sistema telefônico convencional, ou seja, a comunicação simultânea nos dois sentidos. Para isso, cada canal é formado por duas bandas independentes de 30 kHz, utilizadas para o envio de informações entre a UM e a ERB (*uplink*) e entre a ERB e a UM (*downlink*), separadas entre si por 45 MHz (Fig. 2.6).

A banda de comunicação do sistema AMPS possui 10 MHz para o *uplink* e 10 MHz para o *downlink*, separadas

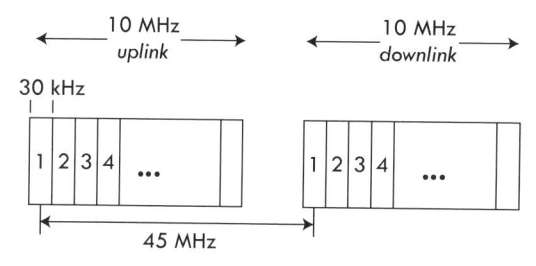

Fig. 2.6 Bandas utilizadas para o envio de informações entre a UM e a ERB no sistema AMPS

por uma banda de guarda de 35 MHz. Assim, existem ao todo 333 canais individuais de comunicação com bandas de 30 kHz cada um. Vinte e um dos canais, denominados *canais de controle*, são utilizados para fins de *controle* e envio de informações especiais entre a ERB e as UMs. Os demais canais podem ser utilizados para conversações, e são denominados *canais de tráfego*.

O sistema AMPS oferece poucos serviços além da comunicação de voz, a maioria equivalente àqueles oferecidos pelo sistema telefônico convencional. Como esse sistema foi especificamente projetado para a transferência de sinais de voz, seu emprego para a comunicação de dados é bastante precário, obrigando à modulação do sinal digital por um *modem* e restringindo severamente a taxa de transferência possível, em razão da estreita banda de comunicação disponível para um canal. Além disso, uma vez que um canal de voz permanece alocado durante cada chamada, conexões de dados normalmente são excessivamente dispendiosas, tanto em termos de tarifação quanto de consumo de energia, o que inviabiliza aplicações *always on*, por exemplo. Outra grande desvantagem do sistema AMPS encontra-se no fato de que a simplicidade da modulação do sinal de radiofreqüência torna-o mais suscetível à interceptação das comunicações e a diversos tipos de fraudes.

b) O sistema D-AMPS

O sistema *Digital Advanced Mobile Phone System* (D-AMPS), incorretamente conhecido como TDMA, é uma evolução do sistema AMPS, tendo sido criado com o objetivo de aumentar a capacidade do sistema AMPS em termos de número de usuários e de otimização do uso da banda de comunicação. Primeiro sistema da segunda geração, funciona com tecnologia digital e foi padronizado internacionalmente com a norma IS-136. O princípio do projeto do sistema D-AMPS é manter certa compatibilidade com o sistema anterior – o AMPS – e empregar *codificação digital* para a transferência das informações, aproveitando a vantagem que os sinais digitais possuem de serem facilmente *armazenados* e transmitidos em instantes apropriados, sem que o canal de comunicação permaneça ativo durante todo o tempo.

O sistema D-AMPS divide o espectro de freqüência em um número de *canais* (FDMA) de 30 kHz, de forma totalmente equivalente ao sistema analógico, alocando os canais individuais para as chamadas em andamento (Fig. 2.7). A principal diferença entre os dois sistemas é que um mesmo canal é *compartilhado* por até três conexões simultâneas, transmitindo-se um fragmento de cada uma sucessivamente em *slots* de tempo, uma técnica denominada *Acesso Múltiplo por Divisão de Tempo* (Time Division Multiple Access ou TDMA).

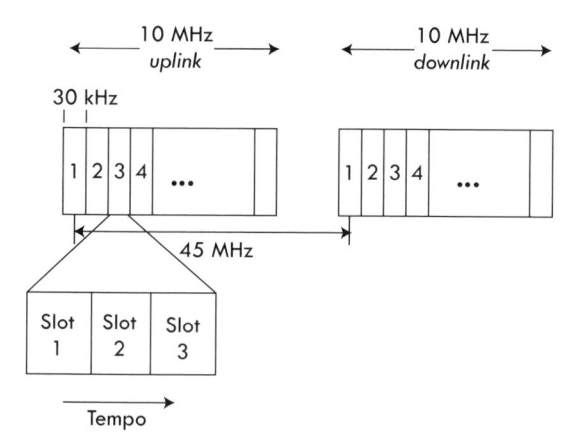

Fig. 2.7 Bandas utilizadas para o envio de informações entre a UM e a ERB no sistema D-AMPS

O sinal analógico de voz é inicialmente codificado digitalmente pelas UMs, mediante sua *amostragem* e *conversão em códigos digitais* (Pulse Code Modulation ou PCM). A seguir, o sinal digital resultante é armazenado em um *buffer*, que é transmitido em segmentos de 260 bits apenas durante o *time-slot* que foi alocado para a sua respectiva conversação (primeiro, segundo ou terceiro *time-slot*). O sinal digital que deve ser enviado é então modulado pela modulação de fase diferencial DQPSK, que oferece a vantagem de otimizar o uso da banda de 30 kHz do canal para a transmissão de uma taxa de até 48,6 kbits/s. Além das informações codificadas do sinal de voz, também é enviado um conjunto de bits de *sincronismo*, *identificação* e *padrões* especiais, que servem para o reconhecimento do sinal pelos receptores. Cada sucessão de três *time-slots* (situação na qual o primeiro *time-slot* é então repetido) é denominada *frame*.

Como toda informação está codificada em forma digital, é possível ao sistema utilizar codificações especiais para proteger a informação original, usando algoritmos de criptografia, por exemplo, o que permite um grau bastante superior de segurança ou privacidade ao sinal de rádio transmitido. A codificação digital permite também o desenvolvimento de outras aplicações sobre a seqüência de bits enviada, oferecendo uma ampla gama de serviços adicionais de forma transparente, como enviar e receber informações sobre a chamada de voz em andamento (identificação de números de telefone, localização, duração etc.), mesclar duas ou mais chamadas em uma mesma seqüência de bits, bem como enviar mensagens binárias quaisquer – não correspondendo necessariamente a sinais de voz –, como texto, imagens ou dados de um modo geral.

Pelo fato de a transmissão efetiva de informação ocorrer somente durante o *time-slot* alocado para a conversação, o transmissor não permanece constantemente ativo, resultando que uma quantidade menor de energia é necessária para o seu funcionamento, o que proporciona melhor aproveitamento da energia e maior autonomia para sistemas que operam com baterias.

c) O GSM

O *Global System for Mobile Communications* (GSM) é um padrão internacional aberto de telefonia celular, definido principalmente pela *European Telecommunications Standards Institute*

(ETSI). Diferentemente dos demais padrões apresentados aqui, o GSM especifica toda a infra-estrutura de telefonia celular e não apenas a interface de rádio. O princípio de funcionamento da tecnologia GSM é basicamente o mesmo do sistema D-AMPS, e envolve, da mesma forma, a divisão do espectro de freqüência em canais (FDMA), seguida pela divisão do tempo de transmissão em *time-slots* atribuídos a cada conversação (TDMA).

O GSM pode utilizar bandas nas áreas de freqüência de 800 MHz, 1.800 MHz ou 1.900 MHz (Tab. 2.3). Os canais individuais são bem maiores do que os do sistema D-AMPS, com 200 kHz de banda cada um, o que resulta em um total de 124 canais de freqüência para o GSM-800, 373 canais para o GSM-1800 e 298 canais para o GSM-1900, conforme ilustrado na Tab. 2.3. O primeiro e o último canal da banda de operação não são utilizados, e servem como banda de guarda para minimizar o efeito de interferências com outros sistemas.

Tab. 2.3 :: Bandas utilizadas pelo GSM

	Transmissão do celular (MHz)		Transmissão da ERB (MHz)	
GSM-800	880	915	925	960
GSM-1800	1.710	1.785	1.805	1.880
GSM-1900	1.850	1.910	1.930	1.990

Cada canal de freqüência do GSM possui o acesso dividido no tempo, a exemplo do sistema D-AMPS, mas com um total de oito *time-slots* em cada *frame*. O sistema GSM também emprega uma forma diferente de modulação para o sinal digital, chamada de *Gaussian Minimum Shift Keying* (GMSK), um tipo de modulação em freqüência com propriedades que contribuem para reduzir o efeito do ruído inerente à grande quantidade de harmônicos presentes nos sinais digitais – o que normalmente compromete sua aplicação em bandas de comunicação restritas, como é o caso das aplicações em telefonia celular.

Na modulação GMSK, a taxa de comunicação de dados é escolhida de forma casada com as freqüências utilizadas para a modulação e, no caso do GSM, essa taxa é fixa e vale 273,833 kbits/s. Cada *slot* de tempo do GSM é denominado *canal virtual*, e contém um fragmento de 160 bits de dados, transmitidos naquela taxa de comunicação.

Os *canais de controle* do sistema GSM não precisam estar alocados e definidos *a priori*, como acontece com o D-AMPS, e podem ter suas funções atribuídas no momento de sua demanda; assim, em sua maioria, os canais permanecem disponíveis para tráfego, o que contribui para aumentar a disponibilidade do sistema para um número potencialmente maior de usuários.

A maioria dos equipamentos GSM permite configurar a identificação do usuário por meio de circuitos integrados *smart-card* denominados *subscriber identity modules* (SIM), que contêm um número com a identificação unívoca do assinante, independentemente do equipamento empregado para acessar a rede celular, uma política que contribui significativamente para simplificar o controle do acesso de usuários e facilitar a habilitação dos terminais móveis.

O sistema GSM começou a ser implantado no Brasil em 2002 nas bandas de comunicação D e E (GSM-1800), e hoje há uma boa cobertura do território nacional, e várias operadoras têm progressivamente migrado do sistema D-AMPS para o GSM. Contudo, há algumas dificuldades no sistema GSM com relação à compatibilidade com outros sistemas, como no caso de operações de *roaming*, que não podem ser realizadas por outro sistema que não seja também GSM.

Embora a especificação do GSM mencione a possibilidade do emprego de algoritmos de *frequency hoping* no processo de seleção dos canais de freqüência, o sistema implantado ainda não emprega técnicas de espalhamento espectral, como faz o CDMA, as quais contribuiriam para otimizar o uso da banda de comunicação por um número maior de usuários.

O sistema GSM também oferece vários serviços adicionais, como envio de mensagens de texto e operações de *fac-simile*. Por outro lado, como o GSM foi concebido para aplicações de voz, as aplicações em comunicação de dados não são satisfatórias, principalmente por causa da alocação dos canais e dos *time-slots* durante uma conexão, o que dificulta, por exemplo, a implementação de aplicações *always-on*.

Para contornar esse problema, foi desenvolvido um mecanismo adicional de acesso exclusivo para dados, denominado *General Packet Radio Service* (GPRS), que permite aos *time-slots* não utilizados de um determinado canal de freqüências serem momentaneamente empregados para o envio de um pacote de dados isolado, sem mantê-los associados a uma conexão ou ligação fixa. Quanto maior for a quantidade de *time-slots* vagos em um determinado momento, maior será a taxa de comunicação efetiva que pode ser conseguida mediante o emprego de uma quantidade maior de *time-slots* em conjunto para a transmissão dos dados desejados. O GPRS foi concebido para operar com uma rede de pacotes, o *Internet Protocol* (IP), que divide todos os dados enviados em duas aplicações que se intercomunicam em *pacotes* trocados e contabilizados pelo sistema, sem requisitar uma conexão física permanente sobre o meio de comunicação final.

Normalmente, as aplicações GPRS incluem roteadores no âmbito da operadora GSM para que realizem a autenticação dos usuários do sistema e o roteamento dos pacotes IP enviados e recebidos, por exemplo, enviando-os à rede pública (Internet) ou a redes privativas vendidas como serviços adicionais a clientes corporativos. Além disso, os roteadores GPRS são responsáveis pela tarifação do serviço, realizada mediante a contagem do número de pacotes ou, de forma mais precisa, do número de *bytes* trafegados no GPRS, possibilitando que as aplicações mantenham conexões lógicas permanentes sem elevar o custo de forma impeditiva, como conseqüência do extenso tempo de conexão e sua correspondente tarifação.

Entretanto, o sistema de comunicação de dados GPRS ainda tem a grave desvantagem de ser um serviço adicional – não-essencial. Ele pode ou não estar implantado no sistema de uma determinada operadora GSM em sua área de cobertura e, sem qualquer garantia de disponibilidade, pode ou não estar operacional em um determinado instante, mesmo que a operadora efetivamente possua o serviço implantado. Além disso, as desvantagens técnicas incluem o fato de o sistema GSM naturalmente priorizar as conexões de voz na alocação dos canais lógicos, com um impacto muito grande nas aplicações de dados que eventualmente estejam em atividade. A transferência dos dados foi concebida para aplicações como a navegação Web e a transferência de correio eletrônico, de maneira a priorizar o tráfego de dados da rede para o equipamento celular, com limitações ao tráfego no sentido oposto.

d) O sistema CDMA

O sistema *Code Division Multiple Access* (CDMA) emprega técnicas de *espalhamento espectral* para compartilhar os canais de freqüência entre os vários usuários. Como as demais técnicas, o CDMA divide o espectro de freqüências concedido em um número de *canais* de banda limitada. Ao contrário do sistema analógico (AMPS), que aloca um canal de freqüência para um único usuário, e dos sistemas que empregam divisão de tempo para compartilhar o canal entre um número fixo de usuários (D-AMPS e GSM), o sistema CDMA permite que os usuários conectados utilizem o canal alocado *simultaneamente*, sem qualquer restrição de tempo de transmissão.

Isso é possível porque cada usuário deve empregar uma *codificação diferente* sobre a informação digital transmitida. Conhecendo a codificação empregada por cada uma das conexões lógicas individuais, o receptor é capaz de identificá-las e de recuperar a informação original, separando-a dos sinais provenientes dos demais usuários que compartilham a banda, nesse momento considerados como se fossem ruído; trata-se, portanto, de uma técnica de espalhamento espectral do tipo *direct sequencing* (DSSS).

A restrição quanto ao número de usuários em cada canal de freqüências relaciona-se com o *nível de sinal* necessário para a correta decodificação da informação original, comparado com o *nível de ruído* captado pela antena receptora. No caso do CDMA, um número maior de transmissões sobre um mesmo canal de freqüências corresponde necessariamente a uma elevação do nível de ruído; assim, existe um limite teórico para o número máximo de transmissões sobre um mesmo canal.

Um agravante desse problema são as diferenças entre as potências dos diversos sinais captados, que vão depender dos respectivos equipamentos transmissores e de suas distâncias até a antena receptora, de forma que transmissores que estejam nas proximidades do receptor vão contribuir para a degeneração do sinal proveniente de transmissores mais distantes. Para reduzir esse tipo de problema, o sistema CDMA emprega técnicas especiais de *controle de ganho* de transmissão, com o objetivo de equalizar a potência do sinal proveniente dos diversos transmissores que compartilham o canal, o que aumenta a capacidade do canal em termos de número de usuários simultâneos.

O CDMA é especificado pela norma internacional IS-95, que define duas bandas de freqüência, conforme mostra a Tab. 2.4.

Tab. 2.4 :: Bandas utilizadas pelo CDMA

	Transmissão do celular (MHz)		Transmissão da ERB (MHz)	
CDMA-800	824	849	869	894
CDMA-1900	1.850	1.910	1.930	1.990

No Brasil, as operadoras CDMA empregam a banda de 800 MHz, que compreende as bandas A e B. As bandas D e E ainda não estão disponíveis para comunicação CDMA (banda de 1.900 MHz).

As bandas dos canais de freqüência individuais para comunicação CDMA precisam ser muito maiores do que aquelas empregadas pelas tecnologias apresentadas anteriormente, em razão da amplitude do espectro de freqüências necessário ao sinal transmitido por espalhamento espectral. Então, cada canal CDMA possui 1,25 MHz de banda individual, permitindo um total de dez canais diferentes no modo CDMA-800. Como a faixa de freqüências do CDMA-800 encontra-se na área de concessão da banda A, essa banda precisa, no Brasil, ser compartilhada com o sistema analógico, de modo que, na prática, o número de canais disponíveis é ainda pequeno.

A codificação empregada pelo sistema CDMA baseia-se na sobreposição de um código binário cíclico, diferente para cada canal lógico, código que é enviado a uma taxa muito superior àquela na qual os bits originais da comunicação são enviados. Cada bit do código binário de espalhamento é denominado *chip*. O CDMA envia códigos com a taxa de 1.228.800 chips/s, sobrepondo-os a taxas de comunicação de dados da ordem de 14.400 bits/s. O sinal digital resultante da sobreposição desses dois sinais (informação e código) é então modulado na freqüência do canal, pela modulação de fase, semelhante àquela empregada pelo sistema D-AMPS.

Um grupo de códigos globais é empregado para a comunicação de informações de controle entre as UMs e as ERBs, denominados *códigos Walsh*, em número de 64 (W00 até W63). Os códigos Walsh têm a propriedade de serem *ortogonais*, produzindo um resultado nulo quando combinados dois a dois. Depois de solicitado o acesso de uma UM à rede, por meio de um canal lógico especial de *controle de acesso* que emprega algum dos 64 códigos Walsh existentes, a UM poderá utilizar um código fornecido pela ERB para alimentar um gerador interno de códigos pseudo-aleatórios que vão, finalmente, codificar a informação de tráfego subseqüente. Como os códigos pseudo-aleatórios gerados se assemelham ao ruído – com média estatística nula –, a informação original pode ser recuperada pela ERB, e separada das demais mediante a reprodução do mesmo algoritmo para a obtenção de códigos pseudo-aleatórios de codificação (Fig. 2.8).

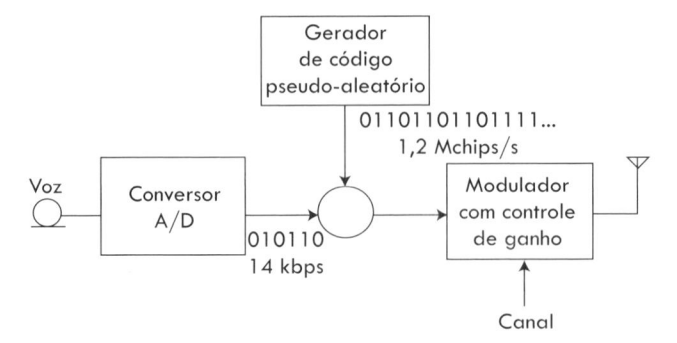

Fig. 2.8 Principais características do CDMA

Os códigos pseudo-aleatórios, utilizados para codificar as informações nos canais de tráfego, são divididos em dois grupos: os *códigos curtos* (Short Pseudo Noise ou SPN), atribuídos às ERBs para envio de dados para as UMs, e os *códigos longos* (Long Pseudo Noise ou LPN), atribuídos univocamente a cada usuário para a codificação da informação enviada às ERBs. Os códigos curtos possuem 32.767 chips de extensão, e os longos, mais de 4 trilhões de chips de extensão.

Uma particularidade interessante do sistema CDMA reside no fato de que, como ERBs adjacentes podem operar na mesma freqüência, com a multiplexação dos usuários mediante a seleção de códigos independentes, é possível a uma UM comunicar-se com duas ou mais ERBs simultaneamente, o que lhe permite mudar rapidamente de ERB de atendimento, simplificando muito o processo de *handover*. A natureza da modulação e da técnica de multiplexação utilizada também favorece a simplificação do projeto das ERBs, que não necessitam de um planejamento de distribuição de freqüências para as antenas individuais.

O emprego de códigos pseudo-aleatórios de espalhamento torna a interceptação do sinal e a realização de fraudes praticamente impossíveis: os códigos longos, utilizados para codificar a informação enviada pelas UMs, levam mais de 40 dias para começar a se repetir, inviabilizando tentativas de sincronização por parte de receptores não-pertencentes ao sistema.

Os canais de controle empregados no sistema CDMA incluem um *canal piloto* para detectar o sinal da ERB e controlar a potência do sinal a ser enviado; um *canal de sincronismo*, que envia constantemente informações referentes ao relógio do sistema, com a finalidade de sincronizar as UMs e permitir a correta seqüência dos *chips* para espalhamento espectral; e um *canal de controle de página*, utilizado para sinalizações diversas, como recepção de chamadas etc. Um *canal de controle de acesso* é utilizado pelas UMs para iniciar chamadas ou solicitar canais para envio de dados.

Uma alteração da especificação original do CDMA permite obter taxas de comunicação que podem chegar a dez vezes a definida no padrão IS-95, mediante o uso de dois canais de freqüência e um número adicional de códigos ortogonais. O padrão conhecido como IS-2000 ou CDMA-2000 é um precursor dos sistemas de telefonia móvel de terceira geração, também chamado de 1xRTT (*One Times Radio Transmission Technology*). Os sistemas implantados com base no 1xRTT possuem infra-estrutura básica para a comunicação de dados e de voz; é também o primeiro sistema a dispor de um canal especial de controle de *qualidade do serviço* (QoS), de forma a oferecer determinadas garantias ao funcionamento da rede de dados *wireless*.

e) Terceira geração e outros sistemas

A terceira geração de telefonia celular está em início de implantação, com algumas tecnologias precursoras em operação, como o 1xRTT e o EDGE. Os sistemas de terceira geração representam uma convergência de tecnologias para um sistema integrado, não híbrido. De um modo geral, todos os sistemas de terceira geração empregam técnicas de espalhamento espectral no sinal aéreo, e as três técnicas de multiplexação (FDMA, TDMA e CDMA) são empregadas em conjunto com a finalidade de elevar o número de usuários e/ou a banda de comunicação efetiva por usuário. Há também uma tendência de convergência de serviços para a terceira geração, envolvendo não apenas voz e dados, mas imagens, televisão, televisão digital, radiodifusão e, eventualmente, ainda outras mídias.

Uma das tecnologias de terceira geração mais interessantes é o *Wideband Code Division Multiple Access* (W-CDMA), apresentado como uma evolução dos sistemas CDMA, GSM e UMTS (esse último não implantado no Brasil), que permite altas taxas de comunicação (superiores a 1 Mbit/s). Enquanto o CDMA possui diversas patentes em atividade, o sistema W-CDMA é um padrão aberto como o GSM, o que contribui para a redução de seus custos.

Sistemas alternativos de *quarta geração*, como o *Worldwide Interoperability for Microwave Access* (WiMax), estão na fase experimental. Esse sistema opera em faixas de freqüência bem mais elevadas do que os equipamentos celulares atuais, combinando características e funções de acesso de dados por telefonia móvel e utilizando redes locais sem fio (Wi-Fi). Uma de suas características mais interessantes é a capacidade de os equipamentos de comunicação adaptarem-se às condições do espectro de freqüências de rádio, aumentando, diminuindo ou tornando intermitente o canal de acesso lógico ao meio de comunicação, de maneira a suportar um grande número de usuários e manter um nível de qualidade de serviço desejado para cada um deles. O mecanismo de acesso "inteligente" à banda de comunicação permite simplificar e reduzir o custo das ERBs (ou *hot-spots*), e melhorar sua eficiência – e, por conseguinte, expandir sua área de cobertura.

2.2.4 Transmissão de dados via rede de dados celular digital

Os serviços de transmissão de dados oferecidos pelas principais operadoras de telefonia celular que atuam no Brasil são:
- :: **GSM/GPRS**: Sistema Global para Comunicações Móveis, ou *Global System for Mobile Communications* (GSM).
- :: **CDMA/1xRTT**: Acesso Múltiplo por Divisão de Código, ou *Code Division Multiple Access* (CDMA), e *Single Carrier* (1x) *Radio Transmission Technology* (1xRTT), como já mencionado, uma tecnologia de terceira geração baseada na plataforma CDMA (também conhecida como CDMA-2000).

Outros serviços oferecidos pelas operadoras de telefonia celular podem ser utilizados de forma contingencial, como uma alternativa quando alguma outra tecnologia não estiver disponível:
- :: **Serviço de Conexão em Linha Discada**: utiliza a linha celular como se fosse uma linha discada em conexões modem a modem.
- :: **Serviço de Mensagens Curtas** (*Short Message Service* – SMS): disponível em telefones celulares para envio e recepção de mensagens de texto.

2.3 :: TRANSMISSÃO DE DADOS POR RÁDIO-MODEM

Com alcance de dezenas de quilômetros, esse tipo de comunicação utiliza rádio-modems que operam em freqüências específicas em visada direta, ou com antenas repetidoras. De rápida e fácil instalação e operação, o rádio de dados tem taxas de transmissão relativamente baixas. Essa solução aplica-se a pequenas e médias frotas de transporte urbano, que necessitam de um contínuo gerenciamento. A transmissão de sinais pode ocorrer em altas freqüências, em virtude do baixo custo da comunicação.

2.4 :: TRANSMISSÃO DE DADOS POR SATÉLITE

A transmissão de dados por meio de satélites proporciona a troca de informações entre locais muito distantes entre si. Basicamente, os satélites se estabelecem em três níveis:
- :: **Satélites de Baixa Órbita, Low Earth Orbit (LEO)**: são posicionados a cerca de 1.000 km de altitude, mas em diferentes posições em relação à Terra.
- :: **Satélites de Órbitas Médias, Medium Earth Orbit (MEO)**: estão a aproximadamente 10.000 km de altitude.
- :: **Satélites de Órbitas Elevadas ou Estacionárias, Geosynchronous Earth Orbit (GEO)**: estão situados a aproximadamente 36.000 km de altitude e em regiões próximas à linha do equador.

Ao aumentar a altitude, reduz-se o número de satélites para haver uma maior cobertura. Uma unidade com antena não direcionada pode cobrir até 30% da superfície terrestre, e bastam três satélites direcionados a 120 graus para uma ampla cobertura.

Nessa alternativa, a transmissão de sinais deve ocorrer em uma freqüência maior por causa do custo maior da comunicação via satélite, comparativamente a outras técnicas. Por isso, trata-se de um sistema indicado para uso em caminhões que percorrem rotas rodoviárias remotas, por tornar possível checar se o itinerário é cumprido em intervalos razoáveis de tempo. Além do custo, há o inconveniente da dependência dos sinais dos satélites, de modo que não funciona com precisão quando o caminhão está em área coberta, como um túnel ou um posto de combustível. Outro inconveniente é que, em razão do uso de grandes potências, aumentam as dimensões dos equipamentos necessários à comunicação.

2.5 :: SISTEMA GLOBAL DE NAVEGAÇÃO POR SATÉLITE (GNSS)

Global Navigation Satellite System (GNSS) é uma denominação genérica usada mais recentemente para representar qualquer sistema de navegação por satélites que fornecem o posicionamento geoespacial com cobertura global. Até algum tempo atrás, o GPS era o único sistema dessa natureza em operação. Atualmente, outras iniciativas fazem parte do contexto do GNSS: o russo Glonass e o europeu Galileo; a China e a Índia planejam ter, em alguns anos, sistemas dessa natureza.

Um GNSS possibilita que pequenos receptores eletrônicos determinem a sua localização em termos de latitude, longitude e altitude com razoável precisão, orientando-se por sinais de rádio que recebem de uma constelação de satélites.

Por ser o GPS um sistema completo e amplamente difundido, será apresentado em maior profundidade nos próximos itens.

2.5.1 GPS

O sistema denominado *Navigation Satellite Timing and Ranging Global Positioning System* (Navstar GPS), mais conhecido como GPS, começou a ser desenvolvido em 1973 pelo Departamento de Defesa dos Estados Unidos, e funciona completamente desde 1994. Conforme apresentado no Cap. 1, é composto por 24 satélites, três deles sobressalentes, para substituir satélites em caso de falha, e mais cinco estações de monitoramento e controle em terra, uma das quais é a estação-mestre.

Os satélites do sistema GPS estão distribuídos ao longo de seis planos orbitais, cada qual com quatro satélites. Embora o projeto inicial envolvesse o uso de satélites geoestacionários, à altitude de 36.000 km, foram preferidos os satélites móveis, de altitude inferior (geossíncronos), que requerem menor potência de transmissão para os seus sinais de rádio.

Os satélites GPS operam à altitude de 20.200 km e realizam uma volta completa na Terra aproximadamente a cada 12 horas.

As estações de monitoramento e controle do sistema GPS localizam-se no Havaí, no Colorado (a estação de controle principal) e nas ilhas de Ascensão, Diego Garcia e Kwjalein, nas proximidades da linha do equador, o que possibilita um melhor ângulo de visada com os satélites, para melhor comunicação. As bases de monitoramento comunicam-se com os satélites a cada quatro horas, lendo suas informações de estado e atualizando as informações sobre posicionamento, velocidade e sincronização dos seus relógios internos.

Cada satélite do sistema GPS possui quatro relógios atômicos, dois de rubídio e dois de césio, mantidos em sincronismo com a precisão de um microssegundo. Os relógios de rubídio são utilizados para manter a *freqüência-base* (chamada de f_0) de 10,23 MHz, empregada para o controle de todas as temporizações e a geração das freqüências de rádio para os sistemas internos do satélite.

O sistema GPS foi concebido com finalidades militares; porém, informações para usos comerciais e civis também são enviadas em uma freqüência de rádio separada. O sistema original especificava a introdução de um erro intencional no sinal de navegação civil para reduzir a sua precisão no posicionamento dos receptores GPS. O erro introduzido, denominado *Disponibilidade Seletiva* (*Selective Availability* ou SA), corresponde à adição de erro pseudo-aleatório da ordem de 30 m ao redor da localização real. A partir do ano de 2000, o governo americano aprovou a desativação permanente da disponibilidade seletiva, permitindo que todos os receptores GPS tenham a precisão máxima concedida ao sinal de uso civil.

a) Sinais de rádio utilizados no GPS

Para a transmissão dos sinais de posicionamento por parte dos satélites, o GPS define três freqüências de portadora, pertencentes à região de microondas e derivadas das oscilações dos relógios de rubídio internos:

:: *Freqüência L1*, de 1.575,42 MHz (154 vezes f_0), que contém as informações de posicionamento tanto para uso civil como para uso militar;
:: *Freqüência L2*, de 1.227,60 MHz (120 vezes f_0), que contém apenas informações de posicionamento criptografadas, para uso militar;
:: *Freqüência L3*, de 1.381,05 MHz (135 vezes f_0), utilizada para a transmissão de mensagens militares referentes a eventos especiais (lançamentos e explosões de mísseis ou foguetes), funções atribuídas aos satélites GPS, além da sua função para navegação.

Outras duas freqüências serão introduzidas: a *freqüência L4*, de 1.841,40 MHz (180 vezes f_0), e a *freqüência L5*, de 1.176,45 MHz (115 vezes f_0). A freqüência L4 apresenta menor grau de interferência na ionosfera, permitindo reduzir o erro de posicionamento decorrente de efeitos atmosféricos de propagação dos sinais eletromagnéticos. A freqüência L5 será uma banda pública de comunicação padrão internacional, exclusiva para o envio de mensagens de emergência (denominado SoL, ou *safety of life*).

Todos os satélites GPS enviam mensagens usando as mesmas freqüências de portadora, e são necessárias técnicas especiais de modulação em espalhamento espectral (*spread spectrum* – SS) para que os sinais sejam recebidos e decodificados separadamente pelos receptores GPS. Para isso, uma técnica de *direct sequencing* (DSSS) é empregada, adicionando ao sinal digital que contém a mensagem de navegação um sinal pseudo-aleatório exclusivo para cada satélite. Os códigos somados ao sinal são chamados de *códigos PRN* (*Pseudo-random Noise Codes*), em número de 32 (permitindo que até 32 satélites sejam identificados simultaneamente), e são divididos em dois grupos: os *códigos de aquisição de curso* (*coarse aquisition codes* ou C/A) e os *códigos precisos* (*precise codes* ou P-Code). Os códigos C/A são públicos e utilizados em aplicações comerciais e civis; os P-Codes carregam informações de precisão superior e são reservados ao uso militar.

Os códigos C/A são números de 1.023 bits de extensão enviados à taxa fixa de 1.023 bits por segundo ($f_0/10$), repetindo-se após o envio do seu último bit (Fig. 2.9). Dessa forma, a cada milésimo de segundo, o código C/A é repetido. Os códigos P são enviados na taxa fixa de 10,23 MHz (f_0) e repetidos apenas após o período de 7 dias, o que torna extremamente difícil a sua identificação por receptores não autorizados.

Os códigos PRN, por serem pseudo-aleatórios, possuem a propriedade de apresentar *média nula* ao serem somados uns com os outros, o que permite que os receptores GPS procurem por um determinado código PRN enquanto consideram a presença de outros como ruído quando somados ao sinal de rádio recebido. Assim, a identificação de um determinado código PRN no sinal de rádio modulado na freqüência L1 ou L2 permite tanto a identificação do satélite de origem quanto a decodificação de sua mensagem de navegação (Fig. 2.10).

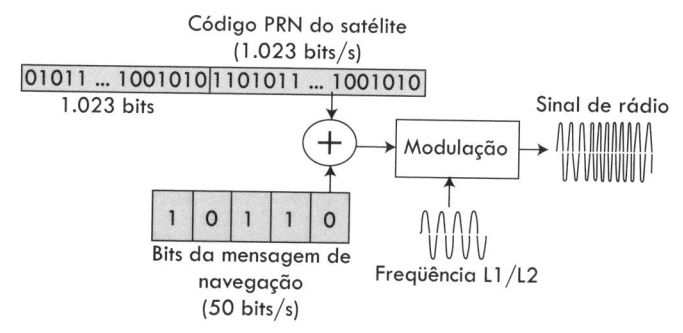

Fig. 2.9 Códigos de aquisição de curso (C/A)

A identificação de mensagens codificadas com o emprego de um determinado código PRN envolve um processo inicial de *sincronismo*, durante o qual as cadeias de bits recebidas pela antena na freqüência da portadora são *testadas* com o código PRN desejado. Inicialmente, como não se sabe em que ponto se está da transmissão do código, não é possível verificar diretamente se o código está ou não presente no sinal; para que essa informação seja determinada, o receptor deve comparar o código PRN que está buscando com os bits recebidos em todas as 1.023 posições em que o código poderia ter começado no transmissor. Se o código estiver realmente presente, uma dessas 1.023 comparações resultará em um *valor máximo* de sinal recebido, ao mesmo tempo identificando a sua presença e sincronizando receptor e transmissor. Como o código é sempre repetido depois do último bit transmitido, a busca não será mais necessária, e os dados do satélite identificado pelo código PRN podem ser recebidos e decodificados.

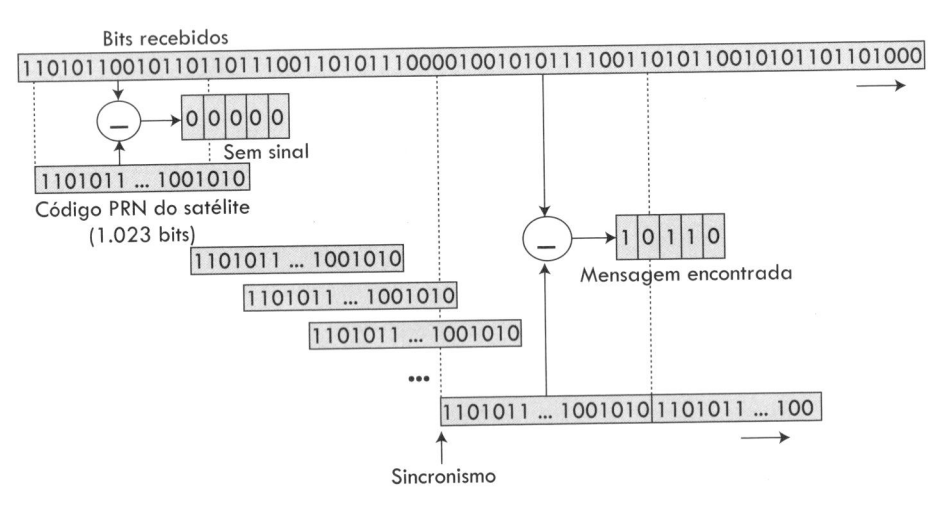

Fig. 2.10 Pseudo-Random Noise Codes (PRN)

b) Informações enviadas pelo GPS

Os satélites do sistema GPS enviam periodicamente mensagens de navegação, compostas por cinco campos de dados com 300 bits cada um. A cada segundo, 50 bits de dados da mensagem de navegação são enviados pelos satélites, de forma que uma mensagem de navegação completa é enviada a cada 30 segundos.

Cada campo é identificado por um cabeçalho fixo, diferente para cada um dos cinco elementos da mensagem de navegação, permitindo que o receptor identifique a posição da transmissão da mensagem em um determinado momento. O primeiro campo é o de *tempo*, e mostra o valor exato do relógio registrado pelos relógios atômicos do satélite, que será empregado pelo receptor para determinar sua *distância* até o satélite. Os dois campos seguintes são agrupados entre si e contêm os dados de *efemérides* do satélite, que definem sua órbita e seu movimento (ascensão, longitude de ascensão, excentricidade etc.), e são empregados pelo receptor para determinar a *posição espacial* do satélite.

Os últimos dois campos enviam constantemente uma tabela de dados, chamada de *dados de almanaque* (*almanac data*), composta por 25 "páginas" de dados, com uma "página" enviada em cada mensagem de navegação, sendo necessários 12,5 minutos para a recepção de uma mensagem de almanaque completa. Os dados de almanaque incluem informações sobre os estados dos satélites, leituras da ionosfera etc., utilizadas pelas estações de controle.

2.5.2 O SISTEMA GLONASS

O sistema alternativo de navegação por satélite desenvolvido pela Rússia, denominado *Global'naya Navigatsionnaya Sputnikovaya Sistema* (Sistema de Satélites de Navegação Global) ou Glonass, é bastante semelhante ao sistema americano, e opera desde 1995. Da mesma forma que o Navstar GPS, o Glonass oferece serviços de navegação diferenciados para usos civis e militares, permitindo ao posicionamento civil uma precisão da localização da ordem de 60 m, e do relógio, da ordem 1 μs. O sistema é composto por uma constelação de 24 satélites que operam na órbita de 19.100 km, com um período de rotação de aproximadamente 11 horas, também transmitindo informações sobre relógio e efemérides.

O sistema Glonass foi projetado para possuir uma constelação com o mesmo número de satélites do sistema americano, porém ainda opera parcialmente, em razão de falhas ocorridas nos satélites lançados e da situação econômica russa. Isso prejudicou a sua manutenção e o andamento planejado para o projeto, e hoje ainda restringe suas aplicações práticas em locais distantes do território russo. Mesmo com o sistema operando de forma parcial, mediante a otimização das órbitas dos satélites existentes, é possível ao governo russo cobrir regiões de interesse, como foi o caso da Chechênia, onde a participação do sistema Glonass foi decisiva no decorrer do conflito.

As informações de posicionamento para uso civil e militar são transmitidas pelos satélites em freqüências separadas, na região do espectro de microondas. A informação civil usa a freqüência L1, de 1.602 MHz. Diferentemente do sistema GPS, o Glonass usa *divisão de freqüência* em canais individuais de banda fixa de 562,5 kHz para cada satélite, começando na freqüência de 1.602 MHz, para a modulação do sinal com as informações de navegação.

Apesar de diversas fontes de informação negarem o fato, o projeto permanece ativo pelo governo russo, mantido também com acordos internacionais firmados com a Índia, que vai auxiliar financeiramente no desenvolvimento do sistema completo e oferecer recursos para lançar novos satélites, como foguetes e bases de lançamentos indianos. Novos modelos de satélite vêm sendo desenvolvidos, com características aprimoradas, como menor peso, maior vida útil e maior capacidade de transmissão. O novo sistema Glonass cobrirá todo o território dos dois países e o início de sua operação com cobertura mundial está previsto para

2010. Além disso, o sistema russo serve de ponto de partida para a especificação do sistema de navegação europeu, que também está em desenvolvimento.

2.5.3 O SISTEMA GALILEO

O sistema de navegação global por satélite denominado Galileo começou a ser desenvolvido em 1999. Após a comparação entre projetos alemães, ingleses, franceses e italianos, foi proposta sua unificação em um projeto comum para a União Européia, com o objetivo de criar um sistema de navegação por satélite paralelo e independente do sistema americano Navstar GPS. Formou-se um consórcio de empresas da área aeroespacial dos países europeus para especificação, projeto e desenvolvimento dos diversos componentes do sistema Galileo.

O sistema Galileo oferecerá vantagens por reunir características do sistema GPS e do sistema Glonass, com uma constelação de 30 satélites, sendo três sobressalentes, e maior cobertura do globo nas regiões polares. Seus satélites serão lançados em órbitas de 23.616 km, dispostos ao longo de três planos orbitais, e prevê-se também o posicionamento de oito satélites geoestacionários nas proximidades do equador, para aumentar a precisão de posicionamento nessa região, totalizando 38 satélites de navegação.

O sistema Galileo é compatível com o sistema GPS, combinando informações de posicionamento provenientes desse sistema, apesar de não ser dependente dele. O sistema Galileo também oferece uma diferente variedade de serviços: *público* (como o GPS, sem disponibilidade garantida), *comercial* (com a aquisição de licenças de uso e garantia da disponibilidade), *militar* e para a comunicação de informações de *emergência* (*safety of life*). Ele pode oferecer uma resolução inferior a 5 m, mesmo no serviço público, mediante a combinação de fontes de localização redundantes provenientes dos satélites.

Com as mesmas freqüências L1, L2 e L3 do sistema americano, o Galileo envia informações de uso civil nas duas primeiras freqüências, de forma redundante, as quais podem ser combinadas para o refinamento da posição calculada. As freqüências L4 e L5 também estão incorporadas no projeto, e a freqüência L5 é utilizada para o sistema de sinalização de emergência.

Após os trabalhos iniciais de especificação do sistema Galileo, o projeto esteve praticamente interrompido por dois anos, por falta de interesse dos países da Comunidade Européia ante os investimentos necessários para a continuidade das próximas etapas. Supostamente motivado pelos atentados de 11 de setembro, o governo americano solicitou à Comunidade Européia, em 2002, a interrupção total do projeto Galileo, alegando que um sistema de navegação por satélite independente do GPS inibiria a ação de seu Departamento de Defesa em paralisar o seu funcionamento no caso de conflitos militares, argumentação que resultou na imediata reavaliação dos custos do projeto Galileo, ganhando novamente o suporte financeiro dos países da Europa, com o reinício dos cronogramas de desenvolvimento. Além disso, vários países aderiram ao projeto, entre eles a China, Israel, Arábia Saudita e Coréia do Sul. O consórcio entre a Índia e a Rússia na construção do sistema Glonass também fará parte do projeto, possivelmente com uma integração entre os dois sistemas.

A data prevista para o início da operação completa do sistema Galileo é o ano de 2013.

2.6 :: *LOCATION BASED SYSTEM* (LBS)

As redes de comunicação celular são potencialmente úteis para a obtenção do posicionamento das unidades individuais de comunicação móvel (celulares), por causa da distribuição de sua estrutura e da exigência de as UMs manterem comunicação com as unidades fixas, cuja localização é conhecida.

A teoria de funcionamento dos sistemas *Location Based System* ou LBS está na identificação das ERBs de posições geográficas conhecidas que estão, em um dado momento, relacionadas com uma determinada UM cuja posição se deseja conhecer. Além disso, caso seja possível determinar a *distância* entre a UM e uma ou mais ERBs do sistema, a sua posição geográfica pode ser determinada com uma maior exatidão.

Há três tipos de sistemas LBS, classificados de acordo com o agente principal do processamento das informações referentes ao posicionamento:

:: **Posicionamento na UM (*handset-based*):** todo o processamento da posição é realizado pela UM, com base em informações recebidas da rede, e deve ser comunicado pela UM de volta à rede para sua utilização. Esse sistema requer grande capacidade de processamento local na UM.

:: **Posicionamento assistido pela UM (*handset-assisted*):** o processamento da posição é realizado pela rede, porém com base em informações fornecidas ou pré-processadas pela UM. Esse sistema permite que a UM seja mais simples, e o processamento mais complexo fica para os dispositivos da rede, de maior capacidade.

:: **Posicionamento pela rede (*network-based*):** todo o processamento do posicionamento é realizado pela rede celular, sem participação da UM. Esse sistema tem a vantagem de não requerer alterações no funcionamento das UMs existentes; porém, inclui uma carga considerável de processamento na rede celular.

2.6.1 Estações Rádio-Base (ERBs)

As ERBs são responsáveis pela conexão entre os dispositivos móveis e a rede de comunicação da operadora. A ERB comunica-se com os dispositivos móveis por meio de sinal de rádiofreqüência UHF em espalhamento espectral, e com a rede de comunicação interna por interligação a cabo, fibra óptica ou *links* de microondas dedicados.

Em geral, uma ERB reúne diversos equipamentos transmissores e receptores de radiofreqüência, muitas vezes com antenas direcionais independentes, para a varredura da sua área de cobertura total. É comum a divisão do espaço de freqüências atendido pela ERB entre os diversos *transceivers* de rádio que a compõem.

Normalmente, o alcance de uma ERB é da ordem de poucos quilômetros, mas há algumas com alcance de poucos metros (microcélulas, como as usadas no interior de túneis ou em ambientes internos), até ERBs com repetidoras capazes de cobrir áreas de muitas dezenas de quilômetros (por exemplo, em regiões rurais).

2.6.2 Posicionamento por proximidade

A forma mais simples de posicionamento LBS é a identificação da ERB que mantém conexão com a unidade de comunicação móvel de interesse teoricamente mais próxima, oferecendo suas coordenadas geográficas como aproximação para a posição da UM. A implementação dessa técnica de posicionamento praticamente não possui custo, uma vez que toda a infra-estrutura necessária já está disponível no próprio sistema de comunicação celular. Contudo, apresenta sérios inconvenientes, como (Fig. 2.11):

:: dado o grande alcance de uma ERB, a aproximação da posição por suas coordenadas geográficas pode ser bastante grosseira, como em regiões rurais, onde uma única ERB cobre áreas muito extensas;
:: a ERB com a qual uma UM está conectada não depende exclusivamente da qualidade do sinal (o que estaria relacionado com a proximidade da UM à ERB), mas de vários outros fatores, como o uso local da banda de radiofreqüência compartilhada por outras UMs – nesse caso, a posição também vai depender dessa variável;
:: a localização por proximidade a uma ERB pode ocorrer apenas quando a UM e a ERB mantêm uma conexão, não sendo possível a sua realização da mesma maneira durante o período em que a UM encontra-se ociosa. Nesse último caso, pode-se obter apenas uma probabilidade de localização da unidade, ou então é necessário que uma rápida conexão ocorra periodicamente, para que a posição da unidade possa ser mantida pelo sistema.

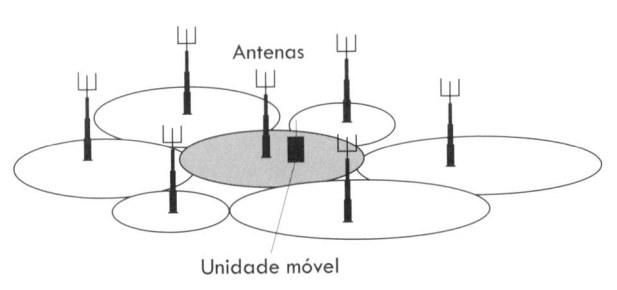

Fig. 2.11 Proximidade da área de cobertura de uma ERB

2.6.3 Técnicas para o refinamento da localização

Para obter a posição geográfica de uma UM de forma mais precisa, os sistemas LBS incluem alguns recursos que permitem estimar a sua distância até a ERB. Com essa informação, o sistema calcula as coordenadas da UM: considerando a distância até *uma* ERB, pode-se posicionar uma UM em uma *circunferência* ou em um *arco* de circunferência, cujo centro é dado pelas coordenadas da ERB em questão; com a medição de *duas* distâncias – as duas ERBs distintas –, obtém-se a região mais provável de localização. Dispondo-se de um número maior de distâncias ou de outras variáveis de posicionamento (posição angular, por exemplo), é possível refinar a localização da UM.

Atualmente, há três técnicas principais para inferir a distância entre ERBs e UMs:

:: medição da potência do sinal recebido;
:: medição dos tempos de propagação do sinal recebido;
:: medição do ângulo de recepção do sinal.

2.6.4 Medição da distância por meio da potência do sinal de rádio

A característica fundamental da atenuação do sinal de radiofreqüência com a distância permite obter uma aproximação para a distância que separa transmissor e receptor. No espaço aberto, a *potência de recepção* do sinal na antena do receptor – considerando-a constante na antena do transmissor – é uma função exclusiva da *distância* que separa as duas antenas (Fig. 2.12). Essa função vai envolver a geometria de ambas as antenas, bem como o modo de propagação da onda eletromagnética; por exemplo, decaindo com o quadrado da distância, no caso de certas antenas omnidirecionais.

Contudo, nas situações usuais, a potência do sinal recebido depende de inúmeros fatores ambientais, como: *obstáculos* (sombras) e *reflexões* do sinal transmitido, confinamento da antena receptora no interior de automóveis ou de construções, e sua proximidade do corpo humano.

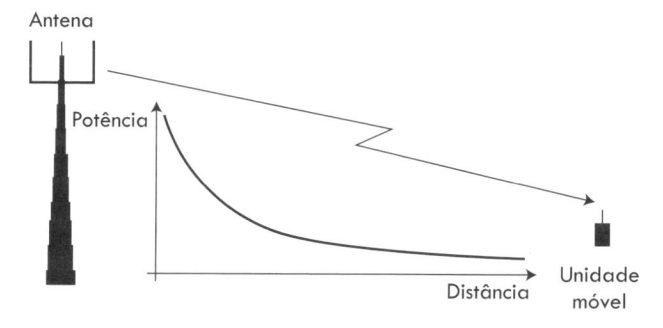

Fig. 2.12 Atenuação do sinal em função da distância

A técnica mais simples para a medição da distância, por meio da potência do sinal recebido, é o *modelo de perdas* (*path loss model*). Conhecida a potência do sinal de rádio transmitido, utiliza-se a medição da potência do sinal recebido e sua comparação com um modelo de atenuação específico para a antena e/ou região em que a ERB está localizada, obtendo-se dele uma aproximação para a distância desejada.

Evidentemente, essa técnica sofre a limitação decorrente da introdução de erros aleatórios na atenuação do sinal, provenientes dos fatores ambientais citados anteriormente. Um possível refinamento permite que as características físicas invariáveis do ambiente sejam *introduzidas* no modelo de perdas, mediante a formação de uma base de dados ou *mapa de perdas* (*signal strength map*), que relaciona cada posição a um coeficiente de perda de sinal, levantado empiricamente.

Por outro lado, a presença de características físicas *transitórias* no ambiente, que introduzem erros ou *ruído* na medição da distância, pode ser contornada com o uso de médias temporais. No caso dos sistemas envolvendo espalhamento espectral, tais características são neutralizadas pelo uso de outras freqüências, pois determinadas interferências no nível do sinal de rádio são fortemente dependentes de seu conteúdo de freqüências.

A aproximação da distância pela relação entre as potências do sinal, ao ser transmitido e ao ser recebido, pode ser realizada tanto localmente pela UM quanto na ERB, desde que a informação sobre a potência do sinal *transmitido* seja enviada da base à UM ou que a informação sobre a potência do sinal *recebido* seja enviada da UM à ERB. A situação mais usual é o último caso, pois o cálculo é normalmente realizado no âmbito da ERB, com as informações fornecidas pelas UMs. Os sistemas de comunicação celular usualmente incluem o envio periódico de mensagens com informações coletadas pela UM sobre a qualidade do sinal de rádio que esta obteve da rede (*Network Measurement Report* – NMR), as quais podem ser utilizadas pela ERB para o cálculo da sua localização geográfica com base nas informações sobre a potência do sinal das diversas ERBs; é uma alternativa de baixo custo e não necessita de características especiais para as UMs.

2.6.5 MEDIÇÃO DE DISTÂNCIAS POR MEIO DO TEMPO DE PROPAGAÇÃO DO SINAL

A propagação do sinal entre transmissor e receptor ocorre com velocidade finita e fixa, e, caso seja possível a medição do *intervalo de tempo* entre o envio e a recepção do sinal de rádio, facilmente se determina a distância entre transmissor e receptor (Fig. 2.13). Naturalmente, para que a medição de um intervalo de tempo qualquer seja possível, deve existir algum tipo de referência de tempo ou *sincronização* entre os agentes envolvidos. No caso do sistema celular, baseado em técnicas de espalhamento espectral, a sincronização é um atributo inerente ao processo de comunicação, como visto anteriormente.

É necessário que a UM sincronize seu relógio interno com a seqüência de informações provenientes das ERBs, para recebê-las corretamente; da mesma forma, as ERBs recebem das UMs informações com as quais precisam sincronizar-se de maneira equivalente. Nesse caso, as ERBs podem verificar a existência de uma

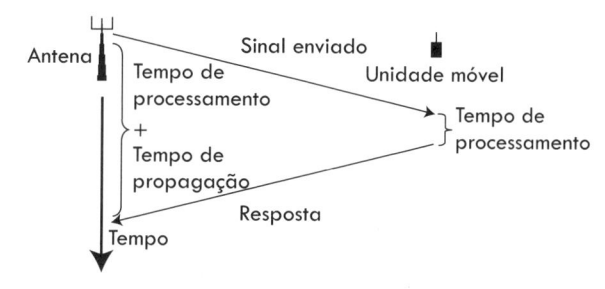

Fig. 2.13 Intervalo de tempo entre o envio e a recepção do sinal de rádio

defasagem entre o instante em que uma determinada informação associada a sincronismo foi enviada e o posterior instante em que recebeu da UM, como conseqüência, uma informação de resposta de sincronismo. A defasagem observada resulta do tempo de processamento da informação pela UM – o qual é conhecido e mantido constante – e do *tempo de propagação* dos sinais de radiofreqüência na ida e na volta até a UM. Com isso, é possível à ERB determinar uma aproximação para a distância entre ela e a UM com a qual está, a partir de então, sincronizada.

Outra forma de medição de tempos de propagação pode ser realizada por uma UM que receba informações de sincronismo provenientes de diversas ERBs simultaneamente. Mesmo sem manter sincronismo entre seu relógio interno e alguma das estações, a UM pode observar *defasagens* entre os relógios fornecidos pelas diversas ERBs, as quais, supondo que estejam devidamente sincronizadas entre si no momento da transmissão de seus respectivos sinais, seriam representativas das distâncias que separam a UM das várias ERBs. Com essa informação, uma vez que as coordenadas geográficas das ERBs são fixas e conhecidas, é possível obter, mediante a solução de um sistema linear simples, a posição da UM (Fig. 2.14).

Contudo, a suposição de que as ERBs possam ser sincronizadas entre si normalmente não é válida na prática, principalmente em razão do elevado custo envolvido em um sistema que apresente essa funcionalidade. Então, os relógios das ERBs *não podem* ser considerados sincronizados, o que introduz mais uma dificuldade no processo de cálculo das distâncias às ERBs, que normalmente é resolvida por uma técnica denominada *pseudo-sincronização*.

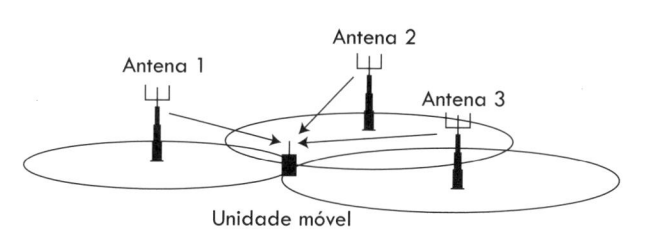

Fig. 2.14 Defasagens entre os relógios fornecidos pelas diversas ERBs e determinação da posição por triangulação

Em vez de procurar sincronizar as ERBs entre si, o que significaria reduzir a *diferença* entre seus relógios a *zero*, a alternativa mais barata, chamada de *pseudo-sincronismo*, consiste em *medir essas diferenças* entre os relógios e *compensá-las* no momento do cálculo das distâncias até as UMs. Há duas formas para medir a diferença de sincronismo. A primeira é distribuir elementos especiais no sistema, chamados *unidades de medição local* (*location measurement units* ou LMUs), que têm a mesma função das UMs em relação à localização, com a diferença de serem posicionados em coordenadas geográficas conhecidas. Com as LMUs, é possível medir as defasagens reais dos relógios das ERBs entre si e, relacionando-as às suas respectivas coordenadas geográficas, estabelecer fatores de correção de sincronismo, que são enviados às UMs para compensar o cálculo de suas posições.

A segunda técnica baseia-se exclusivamente nas informações provenientes das UMs, desde que em número suficiente sob a cobertura das ERBs envolvidas. As ERBs valem-se de uma *média* das informações de sincronismo recebidas das UMs para determinar uma *defasagem mais provável* entre elas, cuja precisão vai elevar-se progressivamente com o número de UMs que tenham estabelecido contato com as ERBs envolvidas na operação de sincronismo. Essa técnica não requer a instalação das LMUs, que também envolvem custo significativo de instalação e de manutenção.

2.6.6 Medição de distâncias por meio do ângulo de recepção do sinal

As ERBs normalmente possuem um conjunto de antenas semidirecionais posicionadas para cobrir toda a região desejada, e uma situação usual é o sinal proveniente de uma UM ser captado simultaneamente por algumas das antenas da ERB. Caso seja possível separar os sinais recebidos por duas ou mais antenas e originários de uma mesma UM, uma comparação entre eles em termos de potência ou fase permitirá obter *um ângulo de chegada*, de modo análogo ao que o cérebro faz com a informação proveniente dos dois ouvidos para identificar a direção de uma fonte sonora.

A informação direcional dada pelo ângulo de recepção do sinal da UM pode ser combinada com outras informações de posicionamento para se obter a posição atual da UM, dado que ela deve posicionar-se aproximadamente na direção do ângulo de chegada detectado pelas antenas da ERB (Fig. 2.15).

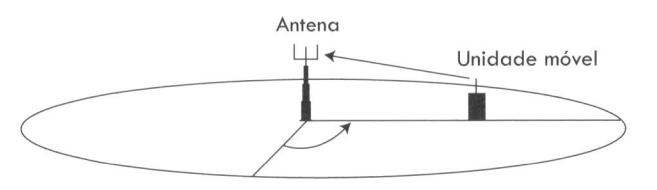

Fig. 2.15 Medição do ângulo de recepção dos sinais

A existência de reflexões e áreas de sombra do sinal de RF introduzirá imprecisões no valor estimado para o ângulo de chegada, pois a antena do transmissor (UM) não é direcional. O uso de equipamentos para a análise da fase do sinal recebido pelas diferentes antenas da ERB permite refinar a medida do ângulo de chegada, porém envolve um tratamento mais complexo e dispendioso.

2.6.7 Sistemas de posicionamento padrão
a) Localização de célula, com medição de tempo de resposta

Este padrão é utilizado tanto pelos sistemas GSM quanto pelos sistemas CDMA, e baseia-se na identificação da ERB que serve à UM que se deseja localizar. A determinação da ERB mais próxima à UM permite uma precisão para o posicionamento da ordem de 500 m a 35 km, dependendo da quantidade de ERBs presentes na região.

Tal precisão é refinada pela combinação dessa informação com a medição do *tempo de resposta*, que é proporcional à distância entre a ERB e a UM, usualmente oferecendo uma precisão da ordem de 250 m a 5 km. A posição da UM estará, nesse caso, na área interior a um segmento de círculo, delimitado pela região de cobertura da antena receptora do sinal, em uma faixa definida pelo tempo de resposta obtido e pela precisão conseguida com essa medida.

Embora a norma não faça referência a essa técnica, na maioria das aplicações práticas, a distância aferida pelo método de medição do tempo de resposta é ainda refinada com o uso da informação de qualidade do sinal recebido, fornecida pela unidade remota em sua mensagem periódica de *Network Measurement Report*. Os sistemas que empregam essa técnica geralmente apresentam uma precisão que varia de 250 m a 2 km na posição obtida para a UM.

Nas situações em que antenas direcionais são empregadas na ERB e o ângulo de chegada é determinado com certa precisão, o posicionamento da UM pode ser ainda mais refinado, restringindo a região de localização possível para a UM.

b) Observação de diferenças de tempo

Esse padrão é utilizado tanto pelos sistemas GSM quanto pelos sistemas CDMA, sendo baseado na análise do sinal recebido da ERB principal e na comparação com o sinal recebido de ERBs vizinhas. As diferenças de tempo de sincronismo (*observed time differences* ou OTD) entre os sinais recebidos de diversas ERBs, que são utilizadas para compor informações para o *Network Measurement Report*, também podem ser empregadas para aproximar a localização geográfica da unidade.

A norma define um novo protocolo de comunicação, denominado *Radio Resource Location Protocol* (RRLP), que possibilita a troca de informações sobre OTD entre ERBs e UMs, e a troca de informações sobre sincronismo entre ERBs, UMs e LMUs, permitindo que as UMs ou ERBs obtenham as diferenças reais de sincronismo entre as ERBs, conforme verificadas pelas LMUs (chamadas de *real-time differences* ou RTD). O RRLP também prevê situações nas quais as informações de diferença de tempo medidas pelas LMUs não estão disponíveis, sendo possível ao sistema obtê-las indiretamente pela combinação das informações RRLP provenientes do maior número possível de UMs.

No caso de aplicações de posicionamento em CDMA, a técnica é denominada triangularização de *link* (*Advanced Forward Link Trilateration* ou AFLT), e funciona da mesma forma, com a diferença de que o processo de pseudo-sincronização não é necessário, pois as ERBs CDMA são mantidas permanentemente em sincronismo pela comunicação com o sistema GPS. Em geral, um número inferior de ERBs pode ser acessado simultaneamente em CDMA.

Os métodos OTD oferecem uma precisão para a posição da UM da ordem de 50 m a 300 m.

c) *Assisted* GPS (A-GPS)

As técnicas de A-GPS permitem combinar o sistema de posicionamento por sinais provenientes de satélites geossíncronos (sistema GPS) com o sistema LBS, de modo a complementar as deficiências dos dois sistemas. O sistema GPS apresenta limitações para as aplicações usuais do sistema LBS, porque:

:: não opera de forma satisfatória em regiões internas de construções e veículos, e apresenta deficiência em situações de alta densidade urbana;
:: requer operação contínua, exigindo um tempo de *set-up* potencialmente grande (por exemplo, caso uma conexão deva ser interrompida e reiniciada); isso também eleva o consumo de energia;
:: os receptores completos custam caro e requerem o uso de dispositivos e instalações especiais, como antenas externas.

O sistema A-GPS permite que uma UM possua um receptor GPS simplificado e de menor custo, ao passo que as ERBs são integradas com receptores GPS completos. Isso possibilita o tratamento das informações recebidas pré-processadas pelas UMs ou o envio de tais informações às UMs para o seu processamento, o que permite a decodificação da informação de posicionamento dos satélites GPS e a determinação da posição geográfica das UMs.

Para refinar o resultado, o sistema A-GPS pode ser combinado com qualquer outra técnica de posicionamento. Pode-se empregar o RRLP para a troca de informações A-GPS entre ERBs e UMs. No mercado, há sistemas A-GPS tanto sobre redes GSM quanto sobre CDMA.

2.7 :: TECNOLOGIAS PARA A LOCALIZAÇÃO DE VEÍCULOS E CARGAS

Encontram-se no mercado diversas soluções RV, fruto da integração das diferentes tecnologias, cada uma adequada a um propósito específico. Trata-se de um mercado em expansão e dinâmico, que procura incorporar as novas opções tecnológicas disponíveis. Apesar da diversidade de soluções, nos próximos itens serão apresentadas algumas soluções relevantes, destacando-se os equipamentos embarcados.

No Cap. 1, verificou-se que RV é uma maneira de determinar a localização geográfica de um veículo, seu monitoramento e controle, pela troca de informações com um local que as utiliza. Os principais componentes de um sistema RV foram simplificadamente mostrados na Fig. 1.1. Nos itens adiante, são descritos os equipamentos embarcados nos veículos especificamente para essa finalidade.

2.7.1 BLOQUEADOR

É um equipamento instalado em local de difícil acesso no veículo, que pode substituir ou complementar o sistema convencional de alarme contra roubo. Sua arquitetura típica é apresentada na Fig. 2.16.

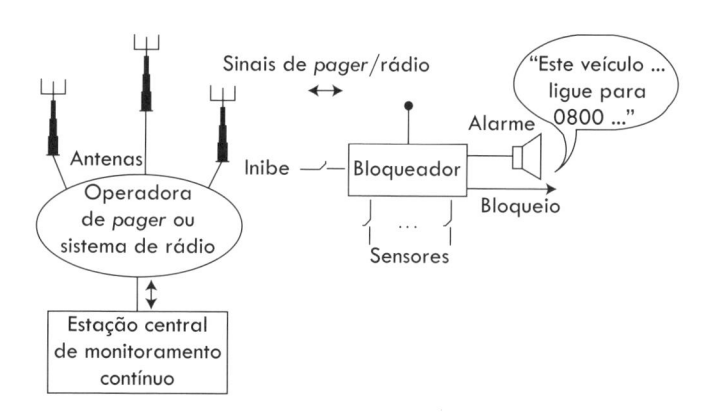

Fig. 2.16 Arquitetura típica de um bloqueador de veículos

Seu acionamento ocorre automaticamente na tentativa de furto de veículos estacionados, ou por solicitação do usuário do veículo, mediante telefonema a uma Estação Central de Monitoramento Contínuo (ECMC), que envia um comando de bloqueio do funcionamento do veículo por sinais de rádio ou *pager*, e de acionamento de uma sirene com sinal sonoro e/ou uma mensagem gravada, solicitando às pessoas que liguem para um telefone gratuito (por exemplo, com prefixo 0800).

Trata-se de uma solução de baixo custo, mas que não envolve a localização automática do veículo nem permite o seu rastreamento. A localização dependerá de alguém ouvir a mensagem e se dispor a ligar informando a posição do veículo, para a sua recuperação.

2.7.2 Localizador

O localizador apresenta diversas funções de um bloqueador, com a diferença de usar a tecnologia celular para a comunicação com o equipamento embarcado, possibilitando determinar a posição aproximada do veículo (Fig. 2.17). Consegue-se essa posição pela potência do sinal transmitido pelo dispositivo de comunicação celular incorporado no localizador, sinal que é recebido pelas ERB da operadora de celular contratada. A precisão da localização pode ser da dezenas de metros até quilômetros.

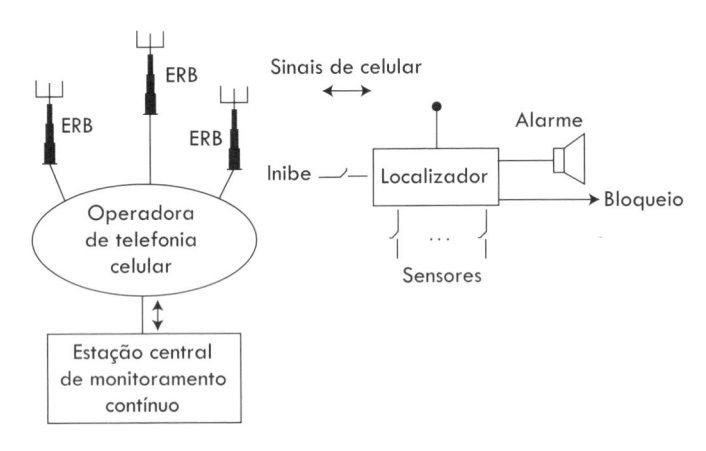

Fig. 2.17 Arquitetura típica de um localizador de veículos

Por diversas razões – como o custo decrescente de localização por meio de GPS –, essa tecnologia é cada vez menos utilizada.

Uma variação adotada especialmente por companhias de seguro de veículos é a substituição da tecnologia de celular por uma rede própria de antenas de rádio espalhadas em uma região de maior risco (a região metropolitana de uma grande cidade como São Paulo, por exemplo), na qual os veículos que receberam o dispositivo circulam na maior parte do tempo. Isso permite determinar aproximadamente a posição do veículo; contudo, o sistema perde a sua utilidade no caso de o veículo sair da região de cobertura (por exemplo, em uma viagem). As vantagens apregoadas dessa tecnologia são principalmente o baixo custo do equipamento embarcado (importante, pois o equipamento é instalado em comodato), o baixo custo da comunicação com o veículo, por utilizar antenas próprias, e a viabilidade econômica de utilização em veículos de menor valor, mas que apresentam alto risco de roubo ou furto.

2.7.3 Rastreador

É o produto empregado, há vários anos, em veículos de passeio, motocicletas e caminhões. Além da comunicação via celular (GSM/GPRS ou CDMA) presente no localizador, o receptor GPS fornece a posição do veículo com maior exatidão (Fig. 2.18).

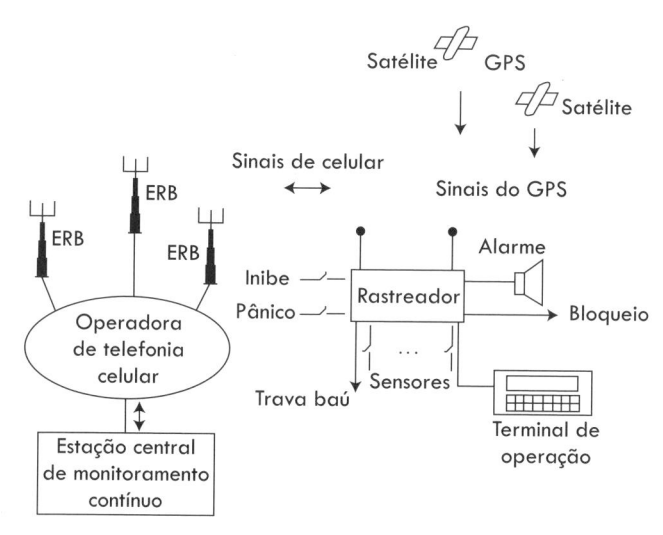

Fig. 2.18 Arquitetura típica de um rastreador de veículos

Um recurso que costuma estar presente em todas as versões é o botão de pânico, para o motorista sinalizar situações de emergência, como seqüestros e roubos. Modelos mais completos incluem microfones e câmeras escondidas para que a ECMC possa decidir pela melhor forma de agir visando preservar a integridade do motorista e dos passageiros. No transporte de cargas, os recursos *estado de portas*, *presença de passageiros* e *motorista*, *trava baú* e *carreta*, além de um terminal com teclado e *display*, podem ser incorporados, de acordo com o interesse do usuário e exigências da aplicação.

Em geral, o terminal de interface com o motorista é um recurso interessante para tornar as operações mais seguras e dar apoio logístico, podendo receber mensagens para alterar roteiros de entrega, por exemplo, e outras mensagens curtas para o motorista, que também pode ser orientado a sinalizar o início ou o término de uma operação de carga e descarga, ou algum tipo específico de parada (abastecimento, quebra do veículo etc.). Em entregas urbanas, por exemplo, que podem apresentar momentos de maior vulnerabilidade, a ECMC pode bloquear o veículo a cada início de operação (como na carga e descarga), desbloqueando-o quando o motorista sinalizar o término.

A eficácia do uso de rastreador é comprovada pelo elevado índice de recuperação de veículos roubados ou furtados, que pode ser superior a 90%. Em vista disso, algumas montadoras oferecem rastreadores instalados nos veículos que produzem, e diversas seguradoras dão aos clientes a opção de instalação desses dispositivos ao se contratar o seguro.

2.7.4 Considerações gerais sobre a proteção de veículos

As inúmeras opções de comunicação com o veículo (e seus custos) existentes no mercado e as condições particulares de cada segmento de clientes (por exemplo, regiões nas quais os veículos trafegam) estimulam o aparecimento de diversos tipos de soluções. Contudo, é na forma de comunicação com o veículo que as maiores diferenças se manifestam, podendo-se encontrar comunicação por meio de celulares, sistemas *pagers*, satélites, rede de antenas de rádio, e até sistemas híbridos, importantes para veículos que viajam em regiões com e sem cobertura de celular.

As diversas tecnologias de equipamentos embarcados apresentadas compõem um sistema complexo de rastreamento do veículo e seu condutor. As empresas que atuam em nosso mercado oferecem diversos serviços, abrangendo a situação de roubo ou furto, mas também serviços de monitoramento de frotas, importantes especialmente para empresas de logística. Alguns exemplos de serviços oferecidos são:

:: detecção de roubo ou furto, com possibilidade do bloqueio do veículo (em geral, mediante autorização do proprietário) e envio de equipes de resgate;

:: definição de cercas virtuais, que são regiões que delimitam as áreas autorizadas ou proibidas para a circulação do veículo: quando ultrapassadas, são emitidos sinais para que ações predefinidas sejam executadas;

:: fornecimento ao usuário do serviço de acompanhamento da movimentação do veículo por meio da Internet, mediante o uso de senhas de segurança. Além dos veículos de passageiros, empresas que operam frotas de veículos para o transporte de cargas podem utilizar esse serviço, acompanhando toda a movimentação da frota e atuando quando necessário.

Cabe ressaltar que a decisão de bloquear um veículo deve ser tomada com extremo cuidado, para não acarretar acidentes graves no caso de o veículo ser bloqueado em avenidas ou estradas de grande movimento.

Uma estrutura que complementa o serviço de localização de veículos é o serviço de recuperação e resgate, constituído por equipes com veículos de resgate terrestres e aéreos, as quais, orientadas pela Estação Central de Monitoramento Contínuo, dirigem-se ao local onde se encontra o veículo roubado ou furtado.

2.7.5 Dispositivo para rastreamento e monitoramento de cargas

O rastreamento de veículos de transporte da carga nem sempre é eficaz para a recuperação da carga, que, em muitos casos, pode ser rapidamente transferida para outro veículo. Um mercado em expansão nos últimos anos é o de rastreamento e monitoramento da própria carga transportada por veículos. Trata-se de um pequeno dispositivo autônomo, semelhante aos rastreadores de veículos, mas alimentado por uma bateria própria de longa duração. Sua pequena dimensão possibilita que seja colocado dentro de pacotes, embalagens ou contêineres.

Não é apenas para segurança que existem tais dispositivos. Na verdade, eles podem contribuir para a criação dos chamados *contêineres inteligentes* (apresentados na Alemanha em 2006), possibilitando uma nova abordagem no transporte de cargas. A supervisão em tempo real é importante, por exemplo, no transporte de produtos perecíveis. Com dispositivos de rastreamento e monitoramento, é possível acompanhar as condições do transporte de produtos e, com isso, adaptá-lo a cada momento, alterando-se rotas e destinos. Permite-se, assim, a cooperação entre os processos de logística envolvidos na cadeia de suprimentos, para otimizações e maiores ganhos.

2.8 :: NAVEGADORES

O navegador para veículos é um aparelho com tecnologia GPS. Disponível há vários anos, popularizou-se por causa da redução de seu preço e pelo aumento de suas funcionalidades.

Após a inserção do destino desejado, mapas são apresentados em um *display* colorido que, com mensagens sonoras, orienta o condutor do veículo a atingir o seu destino. Durante o percurso, à medida que o veículo se movimenta, a sua posição é exibida sobre o mapa, e há indicações de ruas a serem evitadas e das distâncias do veículo a pontos importantes, como esquinas, bifurcações etc.

A convergência de tecnologias que se processa em diversas áreas poderá futuramente incorporar a esse produto outras funcionalidades e serviços associados, como entretenimento e apoio ao usuário.

2.9 :: REQUISITOS BÁSICOS DOS PRODUTOS EMBARCADOS

Os equipamentos instalados em veículos precisam apresentar robustez para suportar as solicitações típicas do ambiente, como temperaturas altas, vibrações, sujeira e impacto.

A tecnologia eletrônica embarcada em veículos vem sendo aprimorada há muitos anos e está presente em quase todos os veículos comercializados. Assim, as técnicas de projeto e implementação, que conferem aos equipamentos eletrônicos a robustez requerida, são conhecidas pelos engenheiros que atuam na área. Contudo, soluções de menor custo de fabricantes menores e sem tradição no mercado também podem ser encontradas, com maior risco para o usuário.

A instalação dos equipamentos embarcados também é um ponto de bastante importância, pois sempre envolve alguma modificação na configuração dos circuitos elétricos e eletrônicos dos veículos, e pode ocasionar problemas de funcionamento no caso de instalação inadequada ou mau funcionamento do equipamento.

Outro problema relacionado à instalação é o relato inadequado da configuração instalada à central de monitoramento. Em geral, os equipamentos de rastreamento são flexíveis para se adaptar a diversos tipos de veículos: com entradas digitais de uso geral, podem monitorar diversos dispositivos existentes, como, por exemplo, a trava do baú. Na instalação, cada dispositivo que se deseja monitorar deve ser associado a uma das entradas, e o instalador tem de relatar corretamente essa correspondência, pois um relato inadequado é capaz de gerar falsos alarmes, prejudicando o trabalho dos operadores da ECMC.

2.10 :: NOVOS PARADIGMAS DE RV

Os dispositivos e sistemas comentados nos itens anteriores correspondem a iniciativas isoladas para atingir objetivos específicos, como segurança, localização, rastreamento ou logística. Para tal, foram desenvolvidos equipamentos adaptados aos veículos existentes, que, em conjunto com uma infra-estrutura computacional e de comunicação, possibilitam o oferecimento de novos serviços.

Atualmente, uma área de destaque é a comunicação automotiva. Um veículo moderno possui muitos dispositivos eletrônicos que se destinam ao sensoriamento e controle de diversas partes e dispositivos, como computador de bordo para veículos multicombustíveis, sistemas de diagnóstico, freios ABS e sistemas de monitoramento das condições de pneus. Dada a quantidade e complexidade crescente da eletrônica associada, bem como o cabeamento complexo para suportá-la, introduziram-se *redes de controle* nos veículos, possibilitando interligações confiáveis, flexíveis, com poucos fios e mais econômicas.

Em um cenário evolutivo e mais amplo, há que se considerar a comunicação do veículo com o exterior, tornando-o um componente de um grande sistema de transporte inteligente. A chamada telemática automotiva, que permite integrar as tecnologias de comunicação sem fio ao veículo, possibilitará que se disponibilizem inúmeros novos serviços e aplicações, alguns dos quais relacionados a seguir.

- **Apoio à navegação**: o veículo obterá, em tempo real, as condições do tráfego, para definir a melhor rota para atingir o seu destino.
- **Conexão com a Internet**: o motorista e os passageiros poderão receber e enviar mensagens por sistemas de reconhecimento de voz.
- **Sistemas de segurança**: com a tecnologia existente, há um grande potencial para se incorporarem aos veículos recursos que tornem a direção mais segura. Com base na comunicação do veículo com o ambiente, pode-se conceber, por exemplo, sistemas que evitam colisões, detectam atitudes inseguras do condutor, possibilitam uma atuação inteligente do *airbag*, e notificam automaticamente os agentes responsáveis no caso de panes nos veículos ou acidentes.
- **Sistemas de diagnóstico e manutenção**: problemas nos veículos poderão ser diagnosticados remotamente, com as informações de seu estado a cada instante, possibilitando até regulagens a distância. As condições de condução dos veículos também poderão ser monitoradas em tempo real, sendo particularmente úteis no caso de frotas e veículos de serviços públicos.
- **Sistemas de proteção do veículo**: equipamentos de proteção instalados em veículos possibilitam a sua localização e recuperação na maioria dos casos, o que corresponde a uma solução eficaz a um custo razoável. A tendência é que tais dispositivos sejam incorporados aos veículos pelas próprias montadoras.

2.11 :: EVOLUÇÃO DA ELETRÔNICA EMBARCADA EM VEÍCULOS

No decorrer dos anos, a chamada eletrônica embarcada em veículos evoluiu significativamente. Passou-se de módulos produzidos por diversos fabricantes e interligados por uma complexa fiação para redes padronizadas e confiáveis, que utilizam poucos fios. Assim, um barramento serial automotivo passa a ter um importante papel, pois permite a troca de mensagens entre os componentes da rede (também chamados de *nós*), reduzindo drasticamente o tamanho da fiação e os custos. Ao contrário do que ocorre na automação industrial e em tratores e máquinas agrícolas, que desenvolveram padrões abertos, como o Fieldbus e o ISOBUS, respectivamente, cada fabricante tem desenvolvido o seu próprio protocolo, não possibilitando a interoperabilidade. Apenas alguns padrões básicos são utilizados pela maioria, como o *Controller Area Network* (CAN), que atende os níveis 1 e 2 do modelo de referência OSI, ou *Open Systems Interconnection*. Baseados nele, diversos protocolos de nível mais elevado estão sendo desenvolvidos e aplicados, o que facilita a manutenção e o uso de ferramentas de suporte.

A exemplo de outras aplicações embarcadas, como a aeroviária, a tendência é substituir diversos acionamentos hidráulicos por elétricos, conhecidos como acionamentos *by-wire* ou sistemas *x-by-wire*. As principais razões para essa substituição são os custos e as limitações tecnológicas dos acionamentos hidráulicos. Também apresentam um potencial interessante ao tornarem os veículos mais leves, seguros, eficientes e autodiagnosticáveis.

2.11.1 Os requisitos da comunicação em veículos

Os requisitos para a comunicação embarcada dependem da importância do subsistema considerado. Acessórios, como acionamento elétrico de vidros, apresentam requisitos bem mais brandos (por exemplo, em relação à largura da banda ou tolerância a falhas) do que os dispositivos associados ao motor e seu funcionamento.

Os requisitos considerados para os barramentos automotivos são:

- **Tolerância a falhas**: sempre considerada nos sistemas críticos, que exigem dispositivos de maior confiabilidade e até mesmo arquiteturas redundantes.
- **Largura da banda**: cada subsistema automotivo possui os seus próprios requisitos, podendo-se encontrar sub-redes interligadas em um veículo, cada uma seguindo um padrão e operando a uma velocidade de comunicação diferente.
- **Determinismo**: diversos subsistemas automotivos que operam em tempo real exigem essa característica. Subsistemas como o airbag, por exemplo, podem exigir que determinadas ações ocorram em circunstâncias bem definidas.
- **Outros requisitos considerados**: segurança e flexibilidade do barramento.

2.11.2 Exemplos de subsistemas automotivos

Diversos subsistemas automotivos são atualmente considerados em uma rede veicular:

- **Sistemas dos chassis**: envolvem segurança ativa e atuam em malha fechada. Exemplo: sistema de freios ABS.
- **Sistemas do *airbag***: envolvem segurança passiva controlam a atuação dos *airbags* quando necessário, identificando situações anormais que não devem implicar o acionamento por representarem maiores danos aos usuários.
- **Sistema do motor**: envolve a coordenação de diversos dispositivos e subsistemas, incluindo injeção eletrônica, controle de válvulas, adaptação ao tipo de combustível etc.
- ***X-by-wire***: subsistemas que substituem partes hidráulicas e mecânicas por sistemas eletroeletrônicos, como a direção e os freios.
- **Conforto**: inclui ar condicionado, trava de portas, acionamento de vidros e espelhos e outros dispositivos não-críticos; pode operar em uma sub-rede mais simples, a baixa velocidade.
- **Multimídia e entretenimento**: inclui aparelho de som, DVD, jogos, navegador, processamento de voz, conexão com a Internet e telefone celular, interface com o usuário etc.

- **Comunicação sem fio e telemática**: além da interconexão de dispositivos sem fio como telefones celulares, computadores portáteis e navegadores baseados no GPS, abrange informações sobre o tráfego, sistemas anti-roubo e gerenciamento de frotas.
- **Diagnósticos**: os veículos modernos permitem a conexão de dispositivos especiais em seu barramento, tanto para a realização de diagnósticos como de regulagens. A transferência de programas e dados também pode ser realizada.

À medida que a automação e a telemática automotiva evoluem e se consolidam, abrem-se perspectivas de novas aplicações integradas, ainda não exploradas, como as informações de diagnóstico, que podem ser transmitidas com as informações de rastreamento do veículo, aproveitando-se a disponibilidade de um canal de comunicação. Tais informações podem ser repassadas para uma oficina especializada, capaz de identificar a demanda de manutenção preventiva ou até mesmo alertar sobre alguma falha mais grave iminente: esse tipo de atitude pode identificar problemas no seu início, o que simplifica o reparo ou evita futuros problemas mais sérios.

2.11.3 Alguns tipos de comunicação automotiva

Nos itens anteriores, citaram-se diversos barramentos comumente encontrados em veículos e outras formas de comunicação. Cabe adotar classificações para os diversos tipos em uso e os que podem vir a ser utilizados.

Barramentos Baseados em Fio

Entre os barramentos utilizados pela indústria automotiva, destacam-se o LIN, o CAN e o *Byteflight*, que correspondem a soluções de baixo(a), médio(a) e alto(a) custo/velocidade, respectivamente.

- **Local Interconnect Networt (LIN)**

    Destina-se a aplicações não-críticas e que podem ser atendidas por uma baixa taxa de comunicação (até 20 kbps), como subsistemas associados ao conforto (ar condicionado) e acionamento de dispositivos simples (travas, luzes, vidros, espelhos, bancos etc.). Sua conexão a outros barramentos pode ser feita por meio de *gateways*. Trata-se de um padrão aberto.

- **Controller Area Network (CAN)**

    É o barramento mais utilizado em veículos, por sua alta confiabilidade e seu baixo custo de implementação. Padronizado pela *International Organization for Standardization* (ISO), pode ser utilizado a até 1 Mbps e atende apenas os níveis 1 e 2 do modelo de referência OSI. Diversos protocolos de nível mais elevado vêm sendo desenvolvidos e aplicados com base no CAN, facilitando a manutenção e o uso de ferramentas de suporte.

:: **Byteflight**
É destinado a sistemas críticos de segurança, como o *airbag*, pois possibilita uma velocidade bem superior à permitida pelo barramento CAN: 10 Mbps. Apresenta alto desempenho, atendendo aos requisitos dos subsistemas *x-by-wire*.

Barramentos para Multimídia

O padrão atual que atende as aplicações automotivas de multimídia e entretenimento é o *Media Oriented Systems Transport* (MOST). Ele prevê um barramento em anel, utilizando fibra óptica como meio físico, o que permite altas taxas de transferência de dados. As aplicações típicas envolvem vídeo, dispositivos de navegação, rádio digital e alto-falantes ativos.

2.11.4 Tecnologias emergentes

As tecnologias emergentes para a área automotiva envolvem duas categorias: comunicação com fio e comunicação sem fio.

Comunicação com Fio

Os sistemas *x-by-wire* impõem novos requisitos às redes de comunicação, como a tolerância a falhas e a transmissão determinística de mensagens. Alguns padrões vêm ganhando espaço, como o *Time-Triggered Protocol* (TTP), o TT-CAN e o *FlexRay*.

Comunicação sem Fio

Existe uma tendência de o veículo oferecer cada vez mais serviços aos seus usuários, abrindo espaço para uma nova área: a *telemática automotiva*, especialmente as aplicações sem fio, descritas a seguir.

:: **Comunicação intraveicular:** progressivamente, mais dispositivos portáteis podem ser utilizados no interior de veículos, como telefones celulares, dispositivos com o recurso viva-voz e reconhecimento de voz: Motoristas e passageiros podem receber e enviar e-mails enquanto estão nas estradas, bem como interagir com diversos dispositivos pelo reconhecimento de voz. Também PDA e *notebooks* podem explorar a possibilidade de interconexão com o veículo.

:: **Comunicação interveicular:** novas aplicações explorarão a possibilidade de comunicação entre o veículo e suas vizinhanças, como veículo-para-veículo e veículo-para-dispositivos à margem das ruas e estradas. Alguns exemplos de aplicação desses recursos são:

- **sistemas de segurança:** sistemas destinados a evitar colisões ou perfil de condução inseguro; sistemas de acionamento inteligente de *airbag* (com a notificação automática do acionamento); rastreamento, localização e bloqueio de veículos. A ajuda em acidentes e problemas na estrada é um importante serviço a ser explorado. Um exemplo é dado pelo sistema de Notificação de Acidentes Automático Avançado (AACN) da General Motors, disponível em muitos de seus veículos equipados com OnStarTM;
- **serviços de navegação e sistemas de informação de tráfego:** podem guiar um motorista para uma localização desejada, enquanto provêem informação de tráfico em tempo real para uma determinada rota;
- **diagnósticos:** serviços de manutenção remotos, bem como o monitoramento da forma de condução do veículo pelo condutor;
- **serviços associados à identificação dos veículos:** a identificação do veículo com *chip* (tecnologia RFID) permite, por exemplo, a cobrança eletrônica de pedágio e a fiscalização dos veículos pelas autoridades de trânsito;
- **sistemas de proteção e logística:** os serviços de rastreamento e antifurto de veículos (com localização e destravamento remoto de portas) já são disponíveis em veículos da GM equipados com OnStarTM.

As principais tecnologias de comunicação sem fio consideradas para sistemas automotivos são descritas a seguir.

- **Padrões para Personal Area Network (PAN)**
  - **Bluetooth**

    O *Bluetooth* (IEEE 802.15.1) foi originalmente concebido para a constituição de pequenas redes *ad hoc* de baixo custo, baixo consumo e pequenas distâncias (alguns metros), com taxa de comunicação de 1 Mbps (versão 1.2) ou 3 Mbps (versão 2.0), para a troca de informações entre *notebooks*, computadores, impressoras, câmeras digitais, telefones celulares etc. Já é utilizado em alguns modelos de veículos para a conexão de celulares ao dispositivo de viva-voz, que passa, assim, a se interconectar ao sistema de áudio do carro. Outros dispositivos com interface *Bluetooth* podem facilmente interconectar-se em um carro com infra-estrutura para *Bluetooth*, como DVD, CD, MP3 Player. Novas aplicações vêm sendo consideradas, como, por exemplo, o acionamento remoto de dispositivos como sistema de aquecimento, ar condicionado, sistemas de *streaming* de áudio para iPod ou MP3 Player, controle remoto de cancelas de estacionamento ou da porta da garagem da residência, e pagamento de combustível em bombas de postos e de pedágios de rodovias.

:: **ZigBee**

O ZigBee (IEEE 802.15.4) preenche a lacuna deixada por outras tecnologias, que é a interconexão de sensores sem fio para controle, que exige custo e consumo de energia mais baixos do que o *Bluetooth*, com comunicação de mensagens curtas transmitidas a baixas taxas de comunicação (até 250 kbps), a pequenas distâncias (alguns metros), mas podendo envolver muitos dispositivos. O uso dessa tecnologia em veículos envolve aplicações de monitoramento e controle relacionadas a medidas de temperatura e umidade, aquecimento, ventilação, ar condicionado e iluminação. Uma aplicação que apresenta bom potencial envolve o monitoramento do aluguel de veículos, capaz de permitir que os clientes devolvam rapidamente um veículo alugado sem ter de esperar um funcionário verificar o combustível consumido ou a quilometragem. Outras aplicações automotivas também interessantes são o monitoramento da pressão de calibração dos pneus, a entrada remota sem chaves e o monitoramento de qualquer objeto que pode ser perdido (por exemplo, as chaves do carro), de modo que sempre que o dono do objeto se afastar dele, um sinal de alerta é enviado para o seu telefone celular.

:: **Ultra Wide Band**

Ultra Wide Band (UWB) (IEEE 802.15.3a) é a mais nova tecnologia dessa área, que prevê uma comunicação robusta graças ao uso de espalhamento espectral. O termo UWB refere-se a tecnologias de comunicação via rádio com uma largura de banda maior de 500 MHz. Possibilita que aparelhos sem fio próximos ao usuário (até 10 m) sejam conectados, como impressora, mouse, teclado ou MP3 Player.

Tanto o *Bluetooth* como o UWB seguem o mesmo princípio. Contudo, a velocidade de transmissão do UWB, um de seus pontos fortes, é de 100 a 500 Mbps, mais alta do que qualquer outro tipo de conexão sem fio. Seu consumo de energia é cerca de cem vezes menor que o do *Bluetooth* e sua freqüência de operação está entre 3,1 e 10,6 GHz. Outras potenciais vantagens da UWB são a imunidade a interferências (multicaminhamento do sinal), a segurança em relação a invasões, a imunidade a interferências com outras tecnologias sem fio e o baixo custo estimado. As desvantagens estão na dificuldade de transmissão em taxas muito elevadas, na interferência de ruídos ao longo da banda e no alcance reduzido.

Sua padronização não está totalmente concluída, por isso não há aplicações automotivas disponíveis até o momento. Porém, acredita-se que o UWB possa ter sucesso nas aplicações que requerem a elevada largura de banda, como interconexão de dispositivos multimídia, sistemas de detecção de colisão e sistemas da suspensão ativa, que respondem às condições de estrada.

:: **Padrão para Wireless Local Area Network (WLAN) – comunicação interveicular**

:: **Wi-Fi**

Para comunicações interveiculares, o Wi-Fi (IEEE 802.11a/b/g) é a tecnologia mais interessante atualmente, em parte por seu uso extensivo em escritórios e nas redes domésticas, mas também por sua disponibilidade. É usado em projetos-piloto de pesquisa para comunicação interveicular, por exemplo, envolvendo o Car2Car Consortium, uma organização sem fins lucrativos, criada por fabricantes europeus de veículos. Entre as aplicações em estudo, tem-se o auxílio avançado ao motorista para reduzir o número de acidentes, a descentralização dos dados associados ao tráfego, no intuito de melhorar o fluxo, e a eficiência de tráfego local, e a comunicação com serviços de informação para aplicações de conforto e de negócios para o motorista e os passageiros. Outros projetos de pesquisa estão sendo conduzidos nessa área, como o *European Network-on-Wheels* (NoW).

:: **WiMAX**

A nova e promissora tecnologia. A *interoperabilidade mundial para acesso de microondas*, ou *Worldwide Interoperability for Microwave Access* (WiMAX), é um padrão de banda larga para Redes de Área Metropolitanas (ou *Metropolitan Area Network* – MAN, IEEE 802.16), que especifica uma interface sem fio similar ao padrão Wi-Fi já bastante difundido, mas incorporando recursos mais recentes, que possibilitam um melhor desempenho de comunicação. Um dos seus objetivos é estabelecer a infra-estrutura de conexão em banda larga da parte final da rede (*last mile*), oferecendo o serviço de conectividade para diversas aplicações, como as empresariais e domésticas, com bom potencial de uso também em sistemas de transporte.

2.12 :: DISPOSITIVOS DE INTERFACE COM O USUÁRIO

Nos últimos anos, houve uma rápida evolução tecnológica, tanto em inovações quanto em sofisticações. *Pagers* e celulares, por exemplo, cada um em sua época de lançamento, alteraram padrões de comportamento, em grande parte pela mobilidade e simplicidade operacional.

A interface do usuário com os sistemas é um claro exemplo disso: inúmeros paradigmas e formas de implementá-los estão disponíveis, muitas vezes para um mesmo objetivo. Qualquer texto que se proponha a discuti-los nunca será completo e atual. A seguir, apresentam-se alguns exemplos de equipamentos e dispositivos utilizados em aplicações embarcadas em veículos.

Equipamentos Dedicados

Atualmente, muitos equipamentos presentes nos veículos para a interface com o seu motorista correspondem a soluções proprietárias, desenvolvidas especificamente para uma aplicação. Os sistemas de segurança associados ao transporte de cargas normalmente utilizam um equipamento desse tipo, constituído por *display* de cristal líquido para mensagens de texto e algumas teclas para a introdução de dados e sinalização de eventos. Como vantagens, citam-se a maior simplicidade de implementação, que viabiliza aplicações robustas, em geral atendidas por um microcontrolador potente e de baixo custo, e poucos componentes eletrônicos complementares. As desvantagens estão nas soluções fechadas e dependentes de um único fornecedor.

Personal Digital Assistant (PDA)

Os *Personal Digital Assistants* (PDA) popularizam-se ano a ano, especialmente por sua portabilidade, autonomia, capacidade de processamento, seu custo relativamente baixo e sua facilidade de uso. A tela interativa permite que se escreva sobre ela com um dispositivo especial (*stilus*) – um ponto de destaque –, simplificando a sua utilização. A convergência de tecnologias também se faz notar nessa categoria de produto, havendo versões com telefone celular, receptor GPS e conexão a redes sem fio (Wi-Fi).

Esses recursos fazem dele uma alternativa a aplicações veiculares, uma vez que equipamentos específicos para essas aplicações, mesmo com menos recursos, podem apresentar custos mais altos em um primeiro momento, por não atingirem a escala de produção dos PDA. A título de exemplo, existem na Europa adaptadores para a conexão desses dispositivos para tratores e máquinas agrícolas. Contudo, há que se atentar para o porte e a robustez que eles podem demandar em ambientes hostis.

Tablet PC

Um Tablet PC é um microcomputador semelhante a um *notebook*, com a diferença de que a sua tela é interativa, semelhante à de um PDA, mas com maior dimensão.

Graças aos seus recursos de processamento e armazenamento, ele apresenta as características ideais para a implementação dos chamados computadores de bordo destinados a aplicações especiais. O tamanho e a qualidade da tela, aliados à sua flexibilidade, com diversas formas de teclado dinamicamente modificadas pela simples troca de seus programas, tornam-no um equipamento que paulatinamente ganhará novas aplicações, a exemplo do que ocorre em aplicações em tratores e máquinas agrícolas, apesar de seu custo ainda ser relativamente alto, sobretudo por ser novo no mercado.

Outra aplicação que utiliza Tablet PC é a navegação veicular, com uma tela de LCD de pequenas dimensões, em geral com teclado dinâmico em uma tela sensível ao toque. Por seu potencial, sua flexibilidade e pela convergência de tecnologias, imagina-se sua possível evolução para tornar-se um computador de bordo destinado a inúmeras aplicações, por exemplo, a utilização como um terminal sem fio de uso geral, atendendo ampla gama de transações para as mais variadas aplicações, ou como um equipamento destinado a diagnóstico e manutenção, com comunicação direta a oficinas, e até mesmo para entretenimento.

Dessa forma, o equipamento pode ser mais bem utilizado, para tornar o investimento mais efetivo. Além disso, a convergência das tecnologias para um único equipamento evitará que se instalem diversos dispositivos no painel de um veículo, tarefa nem sempre fácil, além de custosa e inadequada a uma boa operação.

Reconhecimento de Comandos Vocais e Conversão de Texto em Fala

Entre as diversas inovações previstas para a área automotiva, destaca-se a *hands-free computing*. Muitas pesquisas vêm sendo conduzidas com o objetivo de desenvolver interfaces entre equipamentos e usuários para a utilização da fala e do som no lugar das tradicionais interfaces com teclado, *mouse* e *display*, inovação chamada de *hands-free computing*. Importantes aplicações podem ser identificadas, desde o auxílio a pessoas com deficiências ou idosas até a pilotagem de modernos e complexos aviões militares, como o F-16 e o Mirage.

A substituição das mãos e dos olhos pela fala e pelo som já é utilizada com bons resultados. A conversão de palavras pronunciadas por uma pessoa em ordens para equipamento não é uma tarefa trivial, embora muitos progressos sejam obtidos quando algumas simplificações são feitas. Diversos aparelhos de telefone celular, por exemplo, já são oferecidos com esse recurso há vários anos, o mesmo ocorrendo em relação ao sistema operacional Windows. Naturalmente, algumas condições devem ser respeitadas para se obter bons resultados, como a limitação do reconhecimento a algumas palavras básicas (nome da pessoa a discar e alguns comandos simples – liga x, desliga y etc.), o treinamento do sistema, que deve se familiarizar com a fala de cada pessoa, e a qualidade do som ambiente e do microfone.

Recentemente, a Ford lançou o Ford SYNC, um sistema de comunicação e entretenimento que virá instalado pela montadora em alguns modelos de seus veículos a partir de 2008, a um custo inferior a U$ 400. O Ford SYNC foi um desenvolvimento conjunto da Ford e da Microsoft anunciado em 2007, que permite ao motorista operar aparelhos de telefone celular com tecnologia *Bluetooth*, bem como tocadores digitais, como o iPod e Zune, usando comandos vocais, comandos na direção ou por radiocontrole. O SYNC pode receber mensagens de texto e ler em voz alta usando uma voz feminina digitalizada ("Samantha"), e interpretar uma centena de mensagens especiais, como LOL (*laugh out loud*), abreviação da língua inglesa para "rir em voz alta".

Tecnologias Promissoras

Há dispositivos para evitar que os motoristas se distraiam ao volante, como detectores de sonolência (abaixamento da cabeça), leitores de pupila e sensores de indicação de mudanças involuntárias de faixa de rolamento, assim como equipamentos de visão noturna (como os fornecidos pela Bosch), que destacam pedestres e outros veículos à noite.

Para facilitar a condução do veículo, em alguns deles há um sistema de estacionamento semi-automático.

Outras tecnologias poderão, em algum tempo, tornar-se comuns em veículos: sistemas que projetam informações no pára-brisa (ou *head-up displays*), com interface intuitiva, para permitir aos motoristas a realização de diversas tarefas durante a condução do veículo sem remover as mãos do volante e os olhos das ruas e estradas (Fig. 2.19). Tais *displays*, em conjunto com diversos sensores, possibilitarão aumentar a integração entre o veículo e seu condutor, antecipando riscos potenciais. Eles tornarão o veículo *sensitivo*, com a incumbência de ler as placas de trânsito, detectar a presença de veículos, animais e pedestres, seguir as faixas de tráfego, distinguir o sinal vermelho do verde, além de identificar cruzamentos perigosos, tudo contribuindo para evitar acidentes ou diminuir sua gravidade. Entre os sensores, destacam-se as câmeras, que permitem identificar faixas de rodagem, contribuindo não apenas para a manutenção do alinhamento do veículo nelas, mas também, em conjunto com os navegadores, para a mudança de faixa em função do roteiro (por exemplo, para pegar uma saída específica).

Espera-se ainda que essa tecnologia caminhe para a reação automática dos veículos, como o acionamento de freios e a redução de velocidade. A Siemens e a VDO trabalham no desenvolvimento de tais sistemas.

Fig. 2.19 Sistemas que projetam informações no pára-brisa
Fonte: <http://www.metropolionline.com.br/veiculos/bem-diante-do-nariz/>.

A integração de dispositivos portáteis de diversos tipos e o controle remoto bidirecional de longo alcance, que permite comunicação entre dois veículos, também estarão nos veículos em pouco tempo.

Contudo, a conectividade à Internet, permitindo aos motoristas e passageiros ficarem sempre conectados, é um dos recursos mais desejados. A possibilidade de acessar e-mail e transferir mídias (músicas, filmes, mapas) são apenas duas das possibilidades. A Delphi e a Autonet Mobile desenvolveram juntas um sistema com essas funcionalidades.

Esses são alguns exemplos de dispositivos de interface com o usuário. Cabe ao leitor acompanhar a evolução contínua das alternativas freqüentemente introduzidas no mercado.

2.13 :: CONSIDERAÇÕES FINAIS E PERSPECTIVAS FUTURAS

Apesar de terem sido citados diversos padrões para a comunicação com fio e sem fio, cada uma das tecnologias de comunicação destina-se a uma classe específica de aplicação, sem propriamente competirem entre si, exceto em aplicações particulares que se situam na interseção das abrangências.

Há diversos problemas em aberto a serem resolvidos no que diz respeito à comunicação automotiva – como as aplicações das tecnologias em tempo real – e à segurança da informação e da integração com os sistemas embarcados existentes.

Do ponto de vista do processamento em tempo real, a maioria das aplicações de telemática automotiva não faz exigências importantes. Entretanto, algumas aplicações promissoras têm essa característica. Por exemplo, os sistemas de informação de navegação vão requerer informação de tráfego e cálculo de rotas em tempo real; as aplicações de voz também têm exigências mais elevadas no que diz respeito à qualidade do serviço e do processamento e reconhecimento da voz em tempo real; também alguns sistemas de segurança, como a comunicação entre veículos ou dispositivos à beira da estrada, implementando sistemas que detectam/evitam colisões; os sistemas da suspensão ativa, que respondem às condições das estradas; e os sistemas de diagnóstico.

Cabe ressaltar que nenhuma das tecnologias sem fio fornece boas garantias para utilização em tempo real, uma vez que não são tão determinísticas como as tecnologias baseadas em fios, podendo as mensagens se corromper com maior facilidade. Esse é um aspecto que vem sendo estudado e discutido.

A segurança das redes de comunicação dos sistemas embarcados é um aspecto que certamente demandará muita discussão. Redes sem fio, aplicadas no contexto automotivo, devem ser seguras tanto no que diz respeito à privacidade da informação quanto a invasões e aos possíveis danos que tal prática é capaz de causar nos sistemas, a exemplo do que se experimenta nas redes de computadores convencionais e na Internet.

Um ponto importante que também merece reflexão é a extensão das tradicionais redes embarcadas em veículos baseadas em fio para a tecnologia sem fio. Duas tendências podem ser identificadas: a extensão de cada um dos padrões para incorporar a comunicação sem fio ou a interconexão delas com os padrões de redes sem fio.

As iniciativas governamentais estimulam o desenvolvimento do chamado *veículo inteligente*. A Comissão Européia, por exemplo, quer acelerar o processo de desenvolvimento de automóveis mais seguros, ecológicos e inteligentes. Ela se encontra em negociações com as associações européias e asiáticas da indústria automobilística para chegar a um acordo que permita que o sistema pan-europeu de chamada de emergência, denominado *eCall*, seja oferecido em todos os veículos novos a partir de 2010. O *eCall* leva assistência rápida aos motoristas envolvidos em uma colisão em qualquer lugar da União Européia.

Por fim, do ponto de vista de equipamentos embarcados em veículos que se destinam a interagir com o usuário, conclui-se que existe um grande espaço para a fusão de aplicações, compartilhando-se uma mesma infra-estrutura.

3 :: Infra-estrutura de Informática

O rastreamento de veículos faz uso de uma infra-estrutura computacional que normalmente apresenta alguma complexidade, quer pela quantidade de veículos e agentes envolvidos, quer pelo volume de dados e pela complexidade dos procedimentos. Em função das particularidades de cada aplicação e de seu porte, e da disponibilidade dos serviços Web para o cliente final, propõem-se diversas arquiteturas para atender às demandas. Por isso, é difícil apresentar soluções genéricas e aplicáveis em qualquer contexto.

Atualmente, são inúmeras as opções de arquitetura para atender as exigências de sistemas de RV. Este capítulo apresenta uma breve introdução à infra-estrutura computacional requerida por tais sistemas, relacionando algumas arquiteturas que podem atender aos diversos tipos de sistemas citados nos capítulos anteriores, como a Arquitetura Cliente-Servidor, Arquiteturas para Aplicações Web, Arquitetura Orientada a Serviços e *Web Services*. Descrevem-se também os aspectos de segurança e qualidade do serviço, a escolha da plataforma de desenvolvimento e a utilização de *software* livre.

Para complementar o capítulo, apresentam-se exemplos de implementação de Arquiteturas Web e considerações a respeito da infra-estrutura computacional requerida.

3.1 :: ARQUITETURA CLIENTE-SERVIDOR

Em muitas aplicações de grandes empresas, tem-se a usual arquitetura que separa a figura dos clientes de algum tipo de serviço dos servidores que fornecem serviços a uma rede de computadores. Trata-se da tradicional Arquitetura Cliente-Servidor, em que cada instância de um cliente, que envolve um computador com acesso aos serviços de um servidor, pode enviar requisições de dados a servidores e aguardar a resposta correspondente. O servidor, por sua vez, caso aceite as requisições, deve então processá-las e encaminhar o resultado ao cliente. A rede de computadores, de médio ou grande porte, exerce um papel importante nessa arquitetura, ao possibilitar a interconexão de clientes e servidores. O gerenciamento e a operação desses sistemas muitas vezes se processam em terminais (ou computadores com essa função) conectados aos sistemas.

3.2 :: APLICAÇÕES WEB

Aplicação Web é o termo para caracterizar os sistemas de informática concebidos para serem utilizados por meio de um navegador (ou *browser*), tanto em uma rede privada (intranet) como em uma rede pública (Internet). Envolve um conjunto de programas executados em um servidor de HTTP, sigla de *Hypertext Transfer Protocol*, simplificando a tarefa de atualização e manutenção desses programas, que ficam residentes em um único local, no qual são acessados pelos clientes.

Tais aplicações viabilizam uma modalidade de serviços como o auto-atendimento, transferindo-se ao cliente a incumbência de atender a uma demanda sua utilizando uma infra-estrutura colocada à sua disposição, com benefícios indiscutíveis para todos. Os problemas inerentes à utilização da Internet também devem ser considerados, como segurança e qualidade da conexão.

Uma arquitetura Web, em geral, é constituída por diversos servidores:

- **Servidores de Apresentação:** hospedam páginas privadas, públicas e destinadas à administração, como páginas de *login*. É comum hospedarem *Web Servers*. Do ponto de vista de segurança, deve-se prever o bloqueio de acesso a usuários não autenticados e dois *firewalls*: um para a intranet e outro para a Internet.
- **Servidores de Aplicação:** hospedam a autenticação de usuários, o acesso a dados e outros objetos associados a cada aplicação. Proteção contra acessos indevidos e *firewall* sempre são considerados.
- **Servidores de Banco de Dados:** hospedam o banco de dados utilizado pelas aplicações, que pode ser acessado de diferentes formas, dependendo do perfil de cada usuário e aplicação. A proteção contra invasões e acessos indevidos é um aspecto crítico, devendo haver mecanismos eficientes de proteção. Outra preocupação relevante é a realização periódica de cópias de segurança dos dados.

O Exemplo dos Sistemas para a Localização de Veículos

Para aplicações mais restritas envolvendo veículos, equipamentos neles instalados e um sistema que interage com tais equipamentos, há arquiteturas mais simples e focadas na prestação de um dado serviço. Para exemplificar, será considerado um sistema de localização de veículos com rastreadores, GPS e celular, apresentado no subitem 2.7.3 (Fig. 2.18). Além dos servidores apresentados, há também:

- **Servidor de comunicação com os equipamentos instalados nos veículos** (rastreadores): conexão com a operadora de celular, que fornece as informações (*strings*) via Internet – as quais são gravadas no banco de dados –, indicando a posição do veículo e a presença ou não de anormalidades ou alarmes, e envio de informações aos rastreadores (bloqueio, alarme, mensagem ao operador etc.).

:: **Servidor de Mapas:** associa posições de veículos aos mapas correspondentes. Pode ser um serviço atendido localmente ou contratado por acesso (o mapa associado é fornecido mediante a informação da posição do veículo).

Nessa aplicação, o *Servidor de Banco de Dados* é responsável pelo armazenamento e recuperação das informações de posição dos veículos monitorados por um período de tempo. Compõem ainda o sistema:

:: **Estação Central de Monitoramento Contínuo:** terminais de operadores, supervisores e administradores.
:: **Cliente:** acompanhamento da movimentação de seu veículo ou frota pela Web (serviço opcional).

Nessa categoria de aplicação, diversos serviços podem ser considerados; por exemplo:
:: Registro e armazenamento da movimentação do veículo por certo tempo. As informações podem ser requisitadas posteriormente pelo cliente.
:: Rastreamento de veículos e tomada de alguma atitude programada em caso de uma ocorrência, detectada por meio de sinais acionados no veículo (botão de pânico, invasão), por telefonema do usuário, comunicando roubo ou furto, ou quando o veículo atinge regiões proibidas (ultrapassa uma cerca virtual programada). As ações comumente adotadas são: envio de equipes de resgate, comunicação às autoridades policiais e bloqueio do veículo em locais que não ofereçam risco, com autorização do cliente.

O sucesso de uma empresa que presta serviços dessa natureza depende da qualidade e robustez de seus sistemas computacionais, bem como da infra-estrutura que o suporta. É comum colocar servidores e demais equipamentos de processamento, armazenamento e comunicação em um *data center* especializado do mercado, contratando seus serviços de infra-estrutura sólida e segura, incluindo a locação de equipamentos (servidores, equipamentos de comunicação e rede), hospedagem de equipamentos da própria empresa, canais de comunicação redundantes (cabo, rádio, fibra óptica), ligação com a Internet em alta velocidade, suporte ao sistema operacional e serviço de *back up* periódico.

Os *data centers* costumam trabalhar com equipamentos robustos, energia ininterrupta e de qualidade, serviço de suporte e rápido restabelecimento após falhas, tanto de *hardware* como de *software*. A comunicação com a ECMC possui redundância e banda bem dimensionada. Outros recursos de segurança previstos são *firewall* e antivírus.

3.3 :: ARQUITETURA ORIENTADA A SERVIÇOS (AOS)

É um estilo de arquitetura de software cujas funcionalidades implementadas pelas aplicações devem ser disponibilizadas na forma de serviços. A *Organization for the Advancement of Structured Information Standards* (OASIS) define que uma "arquitetura orientada a serviço (em inglês, SOA) é um paradigma para organização e utilização de competências distribuídas que estão sob controle de diferentes domínios proprietários". A AOS baseia-se nos princípios da computação distribuída e a comunicação entre os sistemas clientes e os sistemas que implementam os serviços utiliza o paradigma *request/reply*.

Entre os benefícios de sua utilização, destacam-se:

:: os recursos computacionais legados podem ter uma sobrevida quando transformados em serviços;
:: o gerenciamento da complexidade é facilitado;
:: as possibilidades de reaproveitamento de programas são maiores;
:: menor tempo e custo de implementação.

A implementação de sistemas que seguem essa arquitetura pode ser feita com diversas plataformas, como o protocolo DSOM, da IBM e o DCOM, da Microsoft. Web Services, descritos no item seguinte, são cada vez mais utilizados, embora o padrão nada sugira a respeito.

3.4 :: WEB SERVICES

Uma solução empregada na integração de sistemas e na comunicação entre diferentes aplicações é desenvolver *Web Services*. Isso permite que novas aplicações interajam com as já existentes e que exista compatibilidade entre sistemas desenvolvidos em plataformas distintas. Cada aplicação pode ser desenvolvida em uma linguagem diferente, uma vez que o formato de troca de dados entre elas é padronizado com o *eXtensible Markup Language* (XML). Essa característica viabiliza a interoperabilidade entre diferentes plataformas, pois os arquivos segundo o padrão XML são baseados em texto, o que explica a popularização dos *Web Services*, contrapondo-se aos sistemas desenvolvidos segundo padrões proprietários não-abertos.

O *World Wide Web Consortium* (W3C®) e a OASIS são responsáveis pela padronização dos *Web Services*.

Alguns autores acreditam que os *Web Services* são uma tecnologia adequada à implementação de AOS, por serem autodescritivos, com aplicações modulares, expondo a lógica de negócio como serviços, os quais podem ser publicados, descobertos e invocados na Internet.

Os *Web Services* utilizam outras tecnologias além do XML:

- :: o protocolo SOAP, ou *Simple Object Access Protocol*, baseado em XML, codifica as chamadas às operações, incluindo os parâmetros de entrada/saída;
- :: a linguagem WSDL, ou *Web Services Description Language*, descreve os serviços (operações, mensagens, parâmetros etc.);
- :: o protocolo UDDI, ou *Universal Description, Discovery and Integration*, é responsável pelo processo de publicação, pesquisa e descoberta de Web Services.

3.5 :: SEGURANÇA E QUALIDADE DO SERVIÇO

A utilização da Internet para a transmissão de dados levanta questionamentos sobre a segurança, um dos aspectos mais visíveis da qualidade do serviço (QoS). Alguns preceitos de segurança devem ser considerados:

- :: **Autenticação:** a identidade dos usuários do sistema deve ser garantida, não permitindo o acesso de usuários não habilitados.
- :: **Confidencialidade:** os dados coletados e armazenados não podem ser acessados por usuários não habilitados.
- :: **Integridade:** os dados não podem ser apagados ou modificados durante o seu tráfego pela rede ou no processo de armazenamento.
- :: **Autorização:** os usuários devem acessar apenas a parte dos dados a eles destinada.
- :: **Não-repudiação:** a tecnologia utilizada deve ser de tal forma que os dados não possam ser negados por quem os gerou, mesmo que eles o comprometam.

Maneiras de manter a segurança em *Web Services*:

- :: **Autenticação básica HTTP:** permite a utilização de um esquema básico de autenticação, pelo fornecimento do nome e da senha do usuário. Esse esquema é utilizado por diversos *sites* da Internet para restringir o acesso a áreas de administração. A sua segurança não é alta, uma vez que tanto o nome do usuário como a sua senha trafegam pela rede, em formato de texto, que é aberto.
- :: **Secure Sockets Layer (SSL):** a criptografia das mensagens HTTP pelo SSL efetua-se pela utilização do protocolo HTTPS (HTTP sobre SSL). *Sites* que necessitam de acesso seguro, como bancos, utilizam-na. A autenticação dos usuários é permitida para apenas um dos lados, com um certificado digital fornecido por uma autoridade certificadora

(é o caso mais comum; por exemplo, os *sites* de bancos apresentam um certificado digital para o cliente ter a garantia de que está conectando-se ao seu banco; o banco costuma autenticar o cliente por meio de combinações de usuário, senha ou outros códigos). A autenticação de ambas as partes, embora permitida, não é usual, pelo grande número de clientes.

:: **Tecnologias WS-Security:** as tecnologias apresentadas são externas ao SOAP e preservam o conteúdo das mensagens. As tecnologias WS-Security acrescentam *headers* de segurança ao envelope SOAP e tratam de diferentes aspectos de segurança, atuando em conjunto, para uma maior segurança.

3.6 :: ESCOLHA DA PLATAFORMA DE DESENVOLVIMENTO E FERRAMENTAS DE SOFTWARE BASEADAS EM SOFTWARE LIVRE

A implementação dos Web Services previstos em uma aplicação requer uma infra-estrutura adequada, composta por linguagens de programação, ferramentas de desenvolvimento, servidores Web e respectivos ambientes operacionais. A escolha destes segue diferentes critérios. Um deles diz respeito à utilização de ferramentas de código aberto (ou *open source*) ou de tradicionais ferramentas comercialmente disponíveis. Cada vez mais constata-se o desenvolvimento de sistemas com base em ferramentas de código aberto, e isso se deve a diversas razões, entre as quais:

:: economia na aquisição de licenças de software;
:: menor possibilidade de criação dos chamados *gargalos tecnológicos*, que obrigam utilizar algum *software* em ambientes particulares, que são dependentes de sistemas operacionais ou de outros *softwares* específicos.

A seguir, apresentam-se algumas ferramentas e programas que podem ser empregados.

3.6.1 Sistema operacional FreeBSD

O Linux é uma alternativa de código aberto para sistemas operacionais em servidores Web. Outra opção é o FreeBSD Unix, de alta robustez e estabilidade, originado pelo sistema operacional Unix. Em geral, é utilizado em servidores, como os de Internet ou Proxiese, e em estações de trabalho. Trata-se de um sistema operacional multiusuário, capaz de executar multitarefas.

3.6.2 Servidor Web Apache

O servidor Apache (ou Servidor HTTP Apache) é utilizado por mais de 50% do mercado, sendo possivelmente o mais bem-sucedido servidor Web livre. É compatível com o protocolo

HTTP versão 1.1. Suas funcionalidades são mantidas por uma estrutura de módulos que dá liberdade ao usuário de escrever os seus próprios módulos, contanto que utilize a API do *software*. Encontra-se em versões para os sistemas operacionais do padrão POSIX, como o Unix, o Linux e o FreeBSD, e os conhecidos Windows e Novell Netware.

3.6.3 Sistema Gerenciador de Banco de Dados MySQL

O MySQL é um dos sistemas de gerenciamento de banco de dados mais populares, com mais de 10 milhões de instalações. Ele utiliza como interface a linguagem SQL (*Structured Query Language*).

Seu sucesso deve-se principalmente à facilidade de integração com a linguagem PHP (Hypertext Preprocessor), presente em muitos pacotes de hospedagem de *sites* da Internet. Entre os recursos suportados, estão Full Text Indexes, Unicode, replicação, Hot Backup, On-line Analytical Processing (OLAP) e Geospatial Information Systems (GIS). Suas principais características são:

- :: portabilidade: utilizado em praticamente qualquer sistema operacional atual, como BSDI, FreeBSD, Linux, Mac OS X, Solaris, SunOS, SGI e Windows;
- :: compatibilidade: podem ser encontrados *drivers* ODBC, JDBC e .NET, além de módulos de interface para diversas linguagens de programação, entre elas: ASP.NET, C/C++, Delphi, Java, Perl, PHP, Python e Ruby;
- :: não exige muitos recursos de *hardware* e seu uso é simples;
- :: dá suporte a vários tipos de tabelas, para diversas finalidades;
- :: é um *software* livre, sem custo de licença.

Ele é também valorizado por seu desempenho, estabilidade, robustez e por ser multitarefa e multiusuário. Várias empresas e instituições importantes o utilizam nas mais diversas aplicações: Wikipédia, um *site* de grande consulta; Yahoo! Finance, Motorola, NASA, Silicon Graphics, Texas Instruments, Banco Bradesco, Dataprev, HP, Nokia, Sony, Lufthansa, U.S. Army, U.S. Federal Reserve Bank, Associated Press, Alcatel, Slashdot e Cisco Systems.

3.6.4 Linguagem PHP

Outro exemplo de sucesso de software livre é o PHP, um acrônimo recursivo para PHP: *Hypertext Preprocessor* (PHP: Personal Home Page), uma linguagem de programação de computadores interpretada, orientada a objetos, muito utilizada para a geração de conteúdo dinâmico para sistemas baseados em Web, graças à sua grande modularidade, velocidade e robustez (acredita-se que cerca de 35% dos *sites* a utilizam, como a Wikipédia).

Versões do PHP estão disponíveis para os principais sistemas operacionais: AS/400, FreeBSD, IRIX, Linux, Mac OS, Novell Netware, OS/2, RISC OS, Solaris e Windows. Ele suporta também um grande número de bases de dados: Firebird, InterBase, Oracle, MSSQL, MySQL, PostgreSQL, Sybase e SQLite. Em relação a protocolos, o PHP tem suporte para HTTP, IMAP, LDAP, NNTP, POP3, SNMP, SOAP, XML-RPC. Também permite abrir *sockets* e, assim, interagir com outros protocolos.

3.7 :: EXEMPLOS DE IMPLEMENTAÇÃO DE ARQUITETURAS WEB

A seguir são apresentadas duas soluções utilizadas pelo mercado.

3.7.1 Soluções baseadas no ambiente de programação Active Server Pages (ASP.NET)

Trata-se de um ambiente de programação por *script* executada em um servidor, que possibilita a criação de páginas dinâmicas, interativas e de alto desempenho. Ele requer servidores Windows, pelo serviço chamado de *Internet Information Service* (IIS), o servidor Web da Microsoft. Toda a execução se processa no servidor, que transforma os *scripts* em comandos da linguagem HTML padrão, possibilitando o acesso por qualquer computador com um navegador convencional (por exemplo, Internet Explorer ou Mozila Firefox). É aconselhável uma conexão de banda larga com a Internet para evitar acessos lentos.

O servidor requer sempre um sistema operacional da Microsoft (Windows), mas essa exigência não se aplica aos clientes, que podem utilizar outros sistemas operacionais.

Não se exige qualquer instalação de *software* nos microcomputadores de operação, que não precisam possuir grande capacidade local (processamento, memória e disco); basta que possuam um navegador.

A solução ASP.NET simplifica a implantação de qualquer alteração no *software* desenvolvido, envolvendo apenas o servidor, sem necessitar de alterações nas máquinas dos clientes. O acesso pode ser de qualquer lugar, bastando uma conexão com a Internet.

3.7.2 Soluções baseadas no ambiente de programação Delphi

Um tipo de solução muito popular é a que utiliza o Delphi, da Borland, que, ao contrário da ASP.NET, requer um pequeno aplicativo instalado em cada máquina. Cada religamento dos computadores-clientes provoca a verificação da versão do programa, atualizando-o se necessário. Caso o computador não seja desligado, o usuário recebe uma mensagem para desconectar e reconectar o computador, o que efetiva a atualização.

O Delphi possibilita uma arquitetura escalável, com soluções abertas, flexíveis e simples. A autocriação de formulários em Delphi torna a carga da aplicação mais lenta e consome mais memória; contudo, simplifica o gerenciamento do sistema; se for necessário otimizar a carga da aplicação e economizar memória, o programador pode controlar a criação e a destruição dos formulários. Outro recurso bastante apreciado são os menus *pop-up* (ou menu de contexto).

3.7.3 Mapas

Os mapas são importantes para aplicações de rastreamento de veículos e podem ser obtidos de empresas especializadas, por aquisição ou demanda.

:: **Aquisição:** são armazenados em um servidor, o que possibilita uma maior agilidade no acesso e mais confiabilidade, pois não é necessário solicitar em tempo real o mapa de uma dada posição à empresa fornecedora. Porém, o custo de aquisição dos mapas e de suas futuras atualizações pode ser alto.

:: **Fornecimento sob demanda:** algumas empresas fornecem em tempo real o mapa solicitado correspondente a uma dada posição. Essa solução normalmente envolve o pagamento por solicitação, o que não requer um investimento inicial nem um custo de atualizações ou um servidor específico. Porém, o acesso aos mapas sob demanda exige uma ligação rápida e confiável com a empresa prestadora de serviços.

A compatibilidade dos mapas utilizados com o padrão adotado pelo *Google Earth* é um aspecto importante atualmente, pois viabiliza o desenvolvimento de uma solução que integra, com relativa facilidade, os mapas de ruas com as respectivas imagens, agregando valor aos serviços prestados. Além disso, essa compatibilidade constitui uma plataforma primordial para soluções conhecidas como *mash ups*, que tanto podem futuramente nutrir a solução da empresa como esta, com alguma nova aplicação do Google, pode proporcionar um novo serviço aos clientes.

3.8 :: A INFRA-ESTRUTURA COMPUTACIONAL

A infra-estrutura de informática que suporta aplicações de sistemas inteligentes de transporte deve atender a inúmeros requisitos, dentre os quais, alguns merecem maior atenção:

:: **Disponibilidade:** sistemas dessa natureza normalmente não suportam interrupções prolongadas nos serviços, sob pena de importantes prejuízos aos clientes (por exemplo, no caso de roubos de veículos e cargas não identificados em razão da inoperância do sistema). Conseqüentemente, a freqüência de problemas assim compromete seriamente as atividades das empresas que atuam na área. Além de equipamentos com qualidade e robustez, há de se investir na sua hospedagem adequada (normalmente, em *data centers*) e arquiteturas redundantes, tanto de *hardware* como de canais de comunicação;

:: **Segurança:** aplicações Web requerem muita atenção em relação a esse quesito, pois acessos indevidos, vírus e violação da privacidade da informação, por exemplo, podem causar sérios problemas;

:: **Escalabilidade:** em geral, as aplicações dessa natureza começam com poucos clientes e serviços, e o sucesso estimula o seu crescimento e a sua expansão. Assim, as arquiteturas propostas devem ser escaláveis, possibilitando o crescimento e os investimentos associados, conforme a demanda. Sem essa característica, os sistemas ou são concebidos de forma superdimensionada, subutilizando os investimentos, ou inviabilizam um crescimento futuro, o que exigirá a substituição da solução adotada, nem sempre uma tarefa fácil de se conduzir;

:: **Flexibilidade:** soluções que permitem a integração de diversos sistemas e plataformas podem ser de grande valia. O aproveitamento de soluções de diversas naturezas e tecnologias, implementadas em épocas e plataformas distintas, pode fazer parte de um crescimento gradual de um negócio. Nesse caso, utilizam-se *middlewares*, sistemas de software que se localizam entre as aplicações e os sistemas operacionais, com o objetivo de facilitar o desenvolvimento de aplicações distribuídas e integrar sistemas legados.

3.9 :: CONSIDERAÇÕES SOBRE O PROJETO DE SISTEMAS DE RV

O projeto de sistemas de maior porte e complexidade não é uma tarefa trivial. Demanda tempo e, principalmente, uma metodologia para o seu desenvolvimento. A metodologia é um importante elemento para atender a restrições orçamentárias e temporais (comuns na maioria dos projetos), e ao dinamismo das aplicações, envolvendo não apenas correções, mas também alterações de especificação para novas demandas. Ao longo do ciclo de vida de um sistema, diversas alterações são exigidas, e o que garante mudanças mais rápidas e seguras no futuro é a adoção de uma metodologia adequada de desenvolvimento que, se for bem empregada, considerará, por exemplo, a elaboração de uma documentação efetiva e que possibilite o reúso do *software*.

A prototipação também é uma prática muito utilizada, pois permite a descoberta das reais exigências de um sistema antes de seu completo desenvolvimento ou aceitação. Isso possibilita aos desenvolvedores e usuários anteverem e experimentarem as principais características de um sistema (em geral, descobrem-se alterações importantes em relação às especificações inicialmente imaginadas).

A infra-estrutura requerida para os sistemas de rastreamento de veículos combina diversos elementos, como: o *hardware*, que reúne os equipamentos necessários para suportar uma aplicação, os computadores com seus respectivos acessórios e equipamentos complementares; a comunicação, envolvendo as redes de transmissão de dados; e o *software* para implementar uma dada aplicação. O atendimento dos requisitos tecnológicos não é suficiente para garantir o sucesso de um desenvolvimento. Um aspecto importante que não se deve negligenciar é a integração do negócio com a tecnologia: é preciso considerar as diversas visões, como a dos usuários, da tecnologia, dos sistemas, do negócio e da organização.

Dessa forma, a infra-estrutura computacional necessária para suportar o sistema RV:

:: em geral é complexa e demanda razoáveis esforços de desenvolvimento;
:: deve considerar as soluções Web que atendam às exigências atuais das aplicações, possibilitando oferecer serviços ao usuário final pela Internet. As arquiteturas atualmente empregadas podem atender às demandas de rastreamento de veículos, como a Arquitetura Cliente-Servidor, Arquiteturas para Aplicações Web, Arquitetura Orientada a Serviços e Web Services;
:: visa aos aspectos de segurança e qualidade do serviço, fundamentais para a sobrevivência das empresas que atuam na área, uma vez que os prejuízos por falhas e interrupções dos serviços são grandes;
:: considera a importância da escolha da plataforma de desenvolvimento para o sucesso da aplicação, e a utilização de *software* livre tende a ser cada vez mais considerada.

Para finalizar, observa-se em nosso mercado um crescente número de empresas que oferecem funcionalidades via Web aos seus clientes, com tecnologias que permitem a integração com o ambiente de gestão a um custo baixo. A escolha de soluções que tornem a aplicação final independente da tecnologia empregada vem ganhando paulatinamente a preferência.

4 :: O Futuro

Conforme exposto no Cap. 1, o RV é um sistema que gerencia a localização e o estado de um veículo, a cada momento, enquanto ele se desloca sobre a superfície terrestre. Tanto a informação da posição do veículo como outros dados coletados permitem a realização de operações associadas, de acordo com a demanda de cada usuário e o tipo de operação. Essas características possibilitam considerar tais sistemas sob o paradigma da Computação Ubíqua, um novo modelo de interação de pessoas e objetos com o computador, que passa a estar profundamente integrado às atividades corriqueiras do usuário em certos contextos.

Nos sistemas de RV previstos, o computador (nas suas mais diversas formas) estará embarcado nos veículos e nas vias de uma maneira mais ampla, de forma invisível para o usuário. Eles agirão de modo inteligente, com a capacidade de obter informação sobre o ambiente com o intuito de monitorar, controlar, configurar e ajustar a aplicação para melhor atender às demandas dos usuários.

Os sistemas de RV atenderão aos quatro principais paradigmas associados à Computação Ubíqua:

:: **Descentralização:** sistemas computacionais com diferentes capacidades de processamento e memória realizam tarefas de maneira autônoma e colaborativa, comunicando-se por meio de uma rede com topologia dinâmica. A idéia é alcançar os usuários em qualquer lugar e em qualquer instante (*sistemas omnipresentes*).

:: **Diversidade:** introduz uma nova visão sobre as funcionalidades de um sistema computacional com recursos diferenciados, passando de computadores de propósito geral para dispositivos específicos, com capacidade e recursos destinados a atender uma dada aplicação.

:: **Conectividade:** os sistemas computacionais de diferentes portes e recursos devem ser facilmente conectados em redes (de diversos tipos e tecnologias), para compor uma aplicação.

:: **Simplicidade:** a interface com o usuário deve ser intuitiva, eficiente e adequada ao dispositivo. Recursos como reconhecimento de voz, resposta audível, reconhecimento de gestos, movimentação de olhos e telas sensitivas são exemplos de tecnologias importantes para garantir tal propriedade (as chamadas *interfaces naturais*).

Algumas das vantagens da Computação Ubíqua no contexto de RV são:
:: maior disseminação de conhecimento e disponibilização de ferramentas de maior efetividade aos usuários, possibilitando a realização de tarefas de maneira mais eficiente e consistente;
:: maior produtividade;
:: aumento de capacidade de comunicação, coordenação, colaboração e troca de conhecimento;
:: remoção de restrições de tempo e espaço;
:: acesso a tomadores de decisão em qualquer instante;
:: obtenção instantânea de informações sobre o processo, os agentes e o ambiente.

O uso de interfaces naturais e a implementação de uma computação sensível ao contexto possibilitarão a constituição de ambientes inteligentes, sensitivos e responsivos ao comportamento de pessoas e objetos, e que utilizarão tecnologias embarcadas no ambiente e conectadas em rede, atentas ao contexto e às situações envolvendo os usuários e objetos, personalizadas para cada demanda, adaptativas e antecipatórias.

Esse futuro do RV, sob o paradigma da Computação Ubíqua, une-se irreversivelmente ao conceito de Sistemas Inteligentes de Transportes (SIT, *Intelligent Transportation System* – ITS). Os SIT compreendem as aplicações em transportes em que veículos e infra-estrutura estarão equipados com tecnologias como as exploradas neste livro, integradas a aplicações que buscam menores tempos de viagem, menores custos de operação, maior segurança, conforto e outros tantos objetivos inerentes a cada área de aplicação.

Este é um futuro sofisticado, que compreende as tecnologias de aquisição de dados, de atuação, de processamento local e comunicação, e suas aplicações. Nesse futuro, o que definirá o sucesso são as aplicações, que serão complexas e sofisticadas. Elas estarão muito à frente do que se vê hoje em nosso país, em que a demanda por aplicações ainda é tímida, e o usuário foca primordialmente o *hardware* e se satisfaz com pouca funcionalidade do *software*. O usuário percorre um caminho lento e previsível, que partiu da simples aquisição de dados de posição e agora passa pelo encantamento da telemetria – pura ainda, sem muita análise nem síntese.

O usuário ainda pede pouco, ousa pouco. Os provedores de serviços caminham uns como os outros. Quando se caminha como os outros, caminha-se devagar.

Os autores têm a expectativa de que o conhecimento estruturado neste livro colabore para um usuário mais informado, um provedor de serviços mais ousado. Enfim, um caminhar mais firme e acelerado para o verdadeiro mundo dos SIT.

Bibliografia

ALVARENGA, C. Multiplexing in automobiles: an application example of the CAN protocol. In: JURGEN, R. K. *Multiplexing and networking:* automotive electronics series, 1999. p. 503-514.

ANATEL. *Telefonia Móvel.* Disponível em: <http://www.anatel.gov.br/Portal/exibirPortalInternet.do#>. Acesso em: 31 jul. 2008.

BAGSCHIK, P. Braunschweig. Alemanha. *An introduction to CAN.* Disponível em: <http://www.ime-actia.com/can_intro.htm>. Acesso em: 28 nov. 2001.

BLUETOOTH.com. *The official bluetooth technology info site.* 2008. Disponível em: <http://www.bluetooth.com>. Acesso em: 5 abr. 2008.

BRAY, J.; STURMAN, C. F. *Bluetooth: connect without cables.* Upper Saddle River: Prentice Hall PTR, 2001.

BROWN, A.; JOHNSTON, S.; KELLY, K. *Using service-oriented architecture and component-based development to build web service applications.* 2002. Disponível em: <http://download.boulder.ibm.com/ibmdl/pub/software/dw/rational/pdf/2169.pdf>. Acesso em: 13 out. 2007.

CERAMI, E. *Web services essentials.* Sebastopol: O'Reilly Media, Inc., 2002.

CHANDRA, P. et al. *Wireless networking:* know it all. Newnes, 2007.

CINTRA, J. P.; FERREIRA, L. F. *GPS*: uma ferramenta para navegação e controle de frotas. Artigo SAE 982930, 1998. In: CONGRESSO SAE BRASIL 1998, 7., São Paulo, 1998.

CUGNASCA, C. E. et al. Communication protocols for application in agricultural vehicles. In: MAHALIK, N. P. (Ed.). *Fieldbus technology:* the digital control networking system for automation and control applications. German: Springer-Verlag GmbH & Co., 2002. p. 435-450.

DANA, P. H. *Global positioning system overview.* Disponível em: <http://www.colorado.edu/geography/gcraft/notes/gps/gps_f.html>. Acesso em: 31 jun. 2008.

DRANE, C. R.; RIZOS, C. *Positioning systems in intelligent transportation systems.* Boston: Artech House, 1998.

ENDREI, M. et al. *Patterns:* service-oriented architecture and *web* services. Armonk: IBM Corporation, 2004.

ERL, T. *Service-oriented architecture:* a field guide to integrating xml and web services. 1. ed. Upper Saddle River: Prentice Hall, 2004.

FARS, M.; RATCLIFF, R.; BARBOSA, M. An overview of Controller Area Network. *Computing & Control Engeeneering Journal,* p. 113-120, jun. 1999.

FINKENZELLER, K. *RFID handbook:* fundamentals and applications in contactless smart cards and identification. John Wiley and Sons, 2003.

FREDRIKSSON, L. B. *Bluetooth in automotive applications.* 1997. Disponível em: <www.kvaser.com>. Acesso em: 21 nov. 1999.

GARTNER, G.; CARTWRIGHT, W.; PETERSON, M. P. *Location based services and telecartography (lecture notes in geoinformation and cartography).* Nova York: Springer, 2007.

GLOVER, B.; BHATT, H. *RFID essentials: essentials.* O'Reilly, 2006.

GUIMARÃES, A. A. *O protocolo CAN bus nas aplicações off-road*: uma análise comparativa entre os padrões existentes. Artigo SAE 2001-01-3853, 2001. In: CONGRESSO SAE BRASIL 2001, 10., São Paulo, 2001.

GUIMARÃES, A. A. *Eletrônica embarcada automotiva.* São Paulo: Érica, 2007.

GUIMARÃES, A. A.; SARAIVA, A. M. *O protocolo CAN*: entendendo e implementando uma rede de comunicação serial de dados baseada no barramento "Controller Area Network". Artigo SAE 2002-01-3569, 2002. In: CONGRESSO SAE BRASIL 2002, 11., São Paulo, 2002.

HANSMANN, U. et al. *Pervasive Computing:* the mobile world. 2. ed. Springer Professional Computing, 2003.

HONDO, M.; NAGARATNAM, N.; NADALIN, A. J. Securing web services. *Communications of the ACM*, Nova York, v. 41, n. 2, p. 228-241, 2002.

HOTCHKISS, N. J. *A comprehensive guide to land navigation with GPS.* Herdon (EUA): Alexis Publishing, 1995.

HURN, J. *Differential GPS explained.* Sunnyvale (EUA): Trimble Navigation, 1993.

HURN, J. *GPS:* a guide to the next utility. Sunnyvale (EUA): Trimble Navigation, 1989.

INTERNATIONAL FEDERATION OF AIR TRAFFIC CONTROLLERS' ASSOCIATIONS. *A beginner's guide to GNSS in Europe.* Document prepared by EVP Europe, August 1999. Disponível em: <http://www.ifatca.org/docs/gnss.pdf>. Acesso em: 31 jun. 2008.

ISO – International Organization for Standardization. *Road vehicles:* interchange of digital information – Controller Area Network (CAN) for high-speed communication. Genebra: ISO, 1993 (norma internacional ISO 11898).

JURGEN, R. K. *Multiplexing and networking.* SAE International, 1999.

LABIOD, H.; AFIFI, H.; DE SANTIS, C. *Wi-Fi, Bluetooth, Zigbee and WIMAX.* Nova York: Springer, 2007.

LAHIRI, S. *RFID sourcebook.* Upper Saddle River: Prentice Hall PTR, 2005.

LANGLEY, R. B. A GPS glossary. *GPS World*, Eugene, Estados Unidos, v. 6, n. 10, p. 61-63, 1995.

LIN Administration. *LIN-consortium website.* Alemanha. Disponível em: <http://www.lin-subbus.org/>. Acesso em: 31 jul. 2008.

LOGSDON, T. *The Navstar Global Positioning System.* Nova York: Van Nostrand Reinhold, 1992.

MATEUS, G. R.; LOUREIRO, A. A. F. *Introdução à computação móvel.* Disponível em: <http://homepages.dcc.ufmg.br/~loureiro/cm/docs/cm_livro_1e.pdf>. Acesso em: 31 jul. 2008.

MAYNARD, C.; CHARTERS, G.; PETERS, M. *Access an enterprise application from a PHP script.* 2005. Artigo técnico da série developerWorks da IBM.

Bibliografia

MENG. L.; ZIPF, A.; REICHENBACHER, T. *Map-based mobile services:* theories, methods and implementations. Nova York: Springer, 2004.

MILLER, B. A.; BISDIKIAN, C. *Bluetooth revealed.* Upper Saddle River: Prentice Hall PTR, 2001.

MONICO, J. F. G. *Posicionamento pelo Navstar-GPS:* descrição, fundamentos e aplicações. São Paulo: Ed. Unesp, 2000.

MORIMOTO, C. E. *Bluetooth: guia do hardware.* 2008. Disponível em: <http://www.guiadohardware.net/artigos/bluetooth/>. Acesso em: 10 maio 2008.

MYSQL AB. *MYSQL AB: the world's most popular open source database.* Uppsala: 2007. Disponível em: <www.mysql.com>. Acesso em: 1º ago. 2007.

NAEDELE, M. Standards for XML and web services security. *Computer,* Los Alamitos, v. 36, n. 4, p. 96-98, 2003.

NEXEN.NET. *PHP stats evolution for November 2007.* 2007. Disponível em: <http://www.nexen.net/chiffres_cles/phpversion/17875-php_stats_evolution_for_november_2007.php>. Acesso em: 15 jan. 2008.

OBJECT MANAGEMENT GROUP. *Object management group:* UML. Needham, 2007. Disponível em: <http://www.uml.org/>. Acesso em: 1º ago. 2007.

PAZ, S. M. *Uma ferramenta para desenvolvimento de equipamentos que utilizem um receptor do sistema de posicionamento global (GPS).* 1997. Dissertação (Mestrado) – Escola Politécnica da Universidade de São Paulo, São Paulo.

PAZ, S. M.; CUGNASCA, C. E. O sistema de posicionamento global (GPS) e suas aplicações. *Boletim Técnico da Escola Politécnica da Universidade de São Paulo,* São Paulo, 1997.

RODRIGUES, M. *Geoprocessamento.* 1987. 347f. Tese (Livre Docência) – Escola Politécnica da Universidade de São Paulo, São Paulo.

RYCROFT, M. *Satellite navigation systems:* policy, commercial and technical interaction. Nova York: Springer, 2003.

SCHOFIELD, M. J. *Controller Area Network (CAN bus):* an introduction to the serial communication bus. 1999. Disponível em: <http://www.omegas.co.uk/can/>. Acesso em: 28 maio 1999.

STRAUSS, C. *Implementação e avaliação de uma rede experimental baseada em can para aplicações agrícolas.* 2001. Dissertação (Mestrado) – Escola Politécnica da Universidade de São Paulo, São Paulo.

VAN DIERENDONCK, A. J. Understanding GPS receiver terminology: a tutorial. *GPS World,* Eugene, Estados Unidos, v. 6, n. 1, p. 34-44, 1995.

ZIGBEE WORKING GROUP. A very low cost, low power consumption two-way, wireless communications standard for automation, toys, & pc peripherals. Disponível em: <http://zigbee.com/press/press.htm>. Acesso em: 13 jun. 2002.

Apêndice

A. :: RADIOFREQÜÊNCIA E ONDAS ELETROMAGNÉTICAS

Este Apêndice apresenta, de forma resumida, alguns dos principais conceitos associados à radiofreqüência e à comunicação por ondas eletromagnéticas. Sua leitura destina-se especialmente àqueles pouco familiarizados com a área, para facilitar o entendimento de diversas tecnologias atualmente empregadas pelo mercado.

A.1 Princípios básicos

Os sistemas de radiofreqüência baseiam-se na propriedade dos campos eletromagnéticos de *propagar* perturbações, sob a forma de *ondas eletromagnéticas*.

Um elemento dotado de carga elétrica cria um *campo elétrico* ao seu redor. Se esse elemento com carga elétrica estiver em movimento, criará também um *campo magnético* ao seu redor; os campos elétrico e magnético estão sempre relacionados e sua combinação é denominada *campo eletromagnético*. Quando esse movimento envolver *aceleração*, haverá um campo eletromagnético *variável*.

Toda variação que ocorrer no campo eletromagnético é capaz de se propagar, causando sucessivas variações nas regiões vizinhas da perturbação anterior, de forma análoga ao que ocorre quando a água de um lago é movimentada por uma pedra e essa perturbação se movimenta até as margens. Assim, o campo eletromagnético tem a propriedade de *transferir* ou *irradiar* energia, sob a forma de *ondas eletromagnéticas*. Diferentemente da analogia com a onda do lago, as ondas eletromagnéticas não dependem de um meio material para se propagarem, mas apenas do campo elétrico propriamente dito (Fig. A.1).

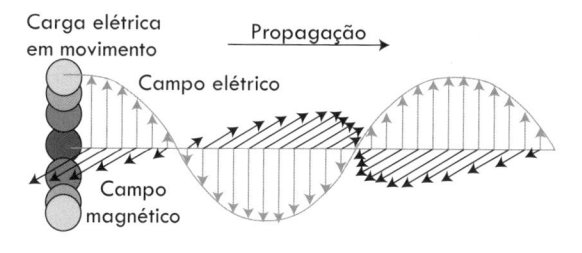

Fig. A.1 Representação dos campos elétrico e magnético

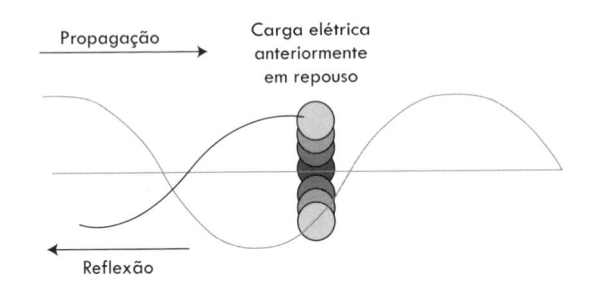

Fig. A.2 Propagação de ondas eletromagnéticas

Se a onda eletromagnética encontrar uma carga elétrica em repouso, a variação dos campos elétrico e magnético trazida pela onda vai exercer sobre ela uma força que pode colocá-la em movimento com a carga que originou a onda. Então, verifica-se que houve *transferência de energia* entre a primeira carga e a segunda, e que uma parte da energia da onda transformou-se em energia cinética (movimento) na segunda carga. Observa-se também que o movimento da segunda carga vai, da mesma forma, provocar o surgimento de uma *segunda onda eletromagnética*, idêntica à onda original: uma onda *refletida* (Fig. A.2).

Além das ondas de rádio em estudo neste texto, pode-se citar como exemplos de ondas eletromagnéticas a luz visível, o calor (luz infravermelha), os raios X e os raios gama. O que diferencia essas formas de ondas eletromagnéticas é a quantidade de energia que elas são capazes de transportar, que está diretamente relacionada à sua *freqüência*.

A *velocidade* com que as ondas eletromagnéticas se propagam não depende de sua freqüência de oscilação, mas das propriedades elétricas e magnéticas do meio no qual se propagam. Portanto, mantendo-se o meio de propagação, a velocidade das ondas que se propagam nele é constante. No caso do vácuo (ausência de meio material de propagação), a velocidade de propagação das ondas eletromagnéticas é de aproximadamente 300.000 m/s; ao se propagar em meios materiais, a velocidade das ondas eletromagnéticas é sempre *inferior* à sua velocidade no vácuo.

A existência das ondas eletromagnéticas foi observada na telefonia primitiva, quando dispositivos elétricos diversos causavam *interferência* nos sinais transmitidos pelos fios sem que existisse qualquer tipo de ligação entre eles. Sua primeira aplicação prática foi a transmissão telegráfica, pelo britânico Oliver Lodge, em 1894, de informação entre dois pontos, sem o emprego de fios.

As ondas de rádio são radiações eletromagnéticas com comprimento de onda (ou a distância entre valores repetidos, em um dado padrão de onda) acima da radiação infravermelha. A freqüência das ondas de rádio é denominada radiofreqüência (RF), e é usada para a comunicação por rádios e antenas. As ondas de rádio são utilizadas, por exemplo, para a radiodifusão e também para a comunicação, tanto de voz quanto de dados, como ocorre no WiMAX.

A.2 ANTENAS

Em qualquer dispositivo elétrico que envolve a circulação de correntes elétricas, quando tais correntes são chaveadas ou alternadas, existe um potencial irradiador de ondas eletromagnéticas. No caso dos equipamentos de telecomunicação, esse é seu o principal requisito. O dispositivo elétrico projetado especialmente para maximizar a irradiação de ondas eletromagnéticas é denominado *antena*. Uma antena é um dispositivo pelo qual é forçada a circulação de corrente elétrica variável, com o objetivo de produzir oscilações no campo eletromagnético em sua vizinhança, iniciando a irradiação de ondas eletromagnéticas. De modo geral, toda antena é capaz de transmitir e de receber energia na forma de ondas eletromagnéticas, de modo que a incidência de uma onda eletromagnética sobre uma antena ocasiona a circulação de correntes elétricas variáveis (Fig. A.3).

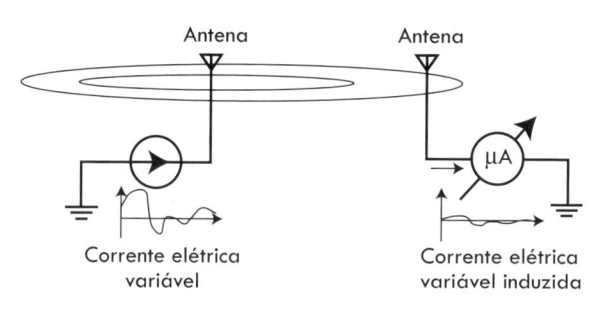

Fig. A.3 Transmissão e recepção de ondas eletromagnéticas por antenas

As antenas que irradiam a energia eletromagnética em todas as direções são chamadas de *omnidirecionais*. Outros tipos de antenas são projetados para possuir uma direção preferencial de irradiação, minimizando-se a irradiação eletromagnética nas demais direções, sendo chamadas de antenas *direcionais*. Porém, mesmo nas antenas omnidirecionais, o sentido de propagação é, em geral, perpendicular a um determinado eixo, de maneira que as ondas distribuem-se em circunferências concêntricas a esse eixo, restando uma região "cega" (também denominada "sombra") na direção do eixo, na qual nenhuma alteração é percebida no campo eletromagnético (Fig. A.4).

A.3 CARACTERÍSTICAS DE PROPAGAÇÃO

Teoricamente, o *alcance* de uma onda eletromagnética é infinito; na prática, porém, é necessária uma potência de sinal mínima para que o receptor possa detectar o sinal

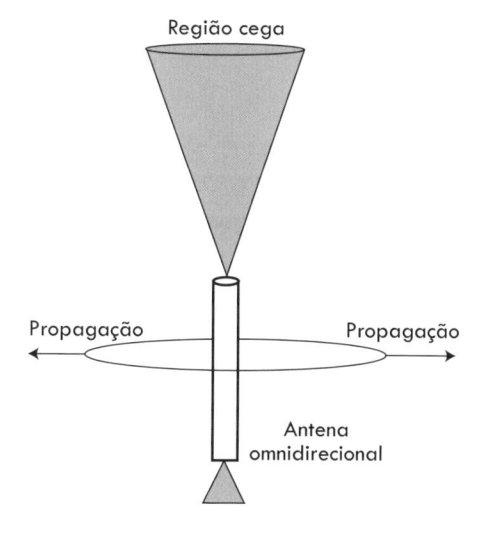

Fig. A.4 Propagação das ondas eletromagnéticas em uma antena omnidirecional

original e separá-lo de todas as outras formas de irradiação recebidas na mesma antena, que correspondem ao *ruído* da recepção.

A potência da onda de rádio é máxima nas imediações da antena de transmissão; conforme se afasta da antena, a potência em cada ponto é progressivamente menor, porque a potência total, que se encontrava antes concentrada na antena, agora está distribuída em uma região cada vez maior do espaço, observando-se, portanto, uma atenuação do sinal recebido, em função da distância até a antena transmissora.

A atenuação do sinal de rádio depende de uma série de fatores, como a geometria das antenas transmissora e receptora, o modo de propagação da onda e as características do espaço em que a onda de rádio se propaga (existência de obstáculos, reflexões, guias etc.). Esses e outros fatores influenciam no alcance ou na distância máxima de comunicação entre transmissor e receptor.

As ondas eletromagnéticas podem se propagar de formas diferentes nas vizinhanças da superfície da Terra, conforme descrito a seguir (Fig. A.5):

:: **Ondas Terrestres:** a superfície da Terra é utilizada como um guia para a onda de rádio, servindo para orientar sua propagação sobre ela. Os sinais eletromagnéticos de baixa potência e menor freqüência, em geral, possuem esse modo de propagação.

:: **Ondas Aéreas:** as camadas mais altas da atmosfera (ionosfera) contêm partículas carregadas eletricamente (íons), que podem entrar em ressonância com ondas de rádio incidentes em determinados ângulos e com determinadas freqüências, de maneira a criar reflexões de volta para a superfície da Terra. Esse meio de propagação permite às ondas de rádio de maior freqüência (chamadas de *ondas curtas*) atingirem grandes distâncias.

:: **Ondas Direcionadas:** a onda eletromagnética *direcionada* (por guias ou usando antenas direcionais) apresenta um grau de dispersão muito pequeno, propagando-se em linha reta entre dois pontos. Como a energia da onda se dispersa bem pouco no espaço, esse tipo de propagação permite atingir distâncias muito grandes entre o transmissor e o receptor. Os conhecidos *links* de microondas, por exemplo, são sempre direcionados, e precisam do posicionamento das antenas em locais com visibilidade entre elas (em visada). A comunicação por satélites também emprega esse modo de propagação, e é necessário haver energia suficiente para atravessar as diversas camadas da atmosfera, como a ionosfera, por exemplo.

Fig. A.5 Tipos de propagação de ondas eletromagnéticas

A.4 Modulação

Na prática, todo sinal de rádio possui uma freqüência principal, chamada de *portadora*, que é transmitida pelo transmissor e identificada pelo receptor. Um sinal elétrico pode ser transmitido sobre ondas de rádio mediante a *modulação* da portadora irradiada pela antena, o que corresponde a algum tipo de alteração no sinal de rádio original que possa ser detectada pela antena receptora, e o sinal original pode ser, assim, recuperado.

O tipo mais simples de modulação é o *chaveamento de portadora* ou *portadora presente/ausente*, que corresponde ao "liga-desliga" do próprio sinal de rádio, o qual pode transferir dois símbolos de informação, como o Código Morse (Fig. A.6). É também a maneira mais simples e de menor custo para a transmissão de sinais digitais, e a implementação do circuito receptor corresponde a um simples detector da freqüência da portadora. A grande desvantagem desse tipo de modulação está na baixa imunidade ao ruído, uma vez que a recepção de qualquer sinal na freqüência da portadora pode ser imediatamente atribuída à recepção errônea de informação.

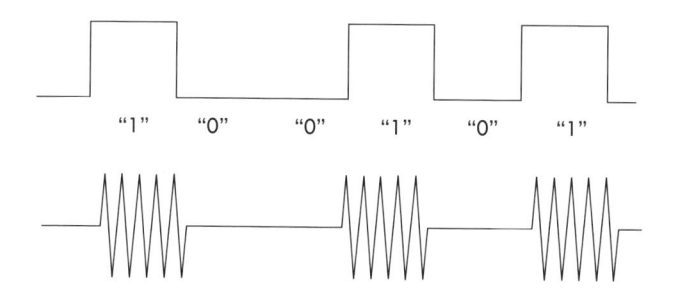

Fig. A.6 Modulação por chaveamento de portadora

Outra forma de modulação é a alteração da amplitude da portadora do sinal de radiofreqüência proporcionalmente à amplitude do sinal que se deseja transmitir. Esse método, conhecido como *modulação em amplitude* (AM), serve tanto a sinais analógicos (Fig. A.7) quanto digitais (Fig. A.8). Sua vantagem está na simplicidade dos circuitos, principalmente do receptor, que pode ser implementado como um filtro que separa a freqüência da portadora, seguido de um detector que acompanha o envoltório do sinal, recuperando, assim, o sinal original. Entre as desvantagens desse tipo de modulação, apresenta-se a degeneração do sinal com a distância, que afeta grandemente a amplitude do sinal recebido e prejudica a recuperação do sinal original pelo receptor, resultando em um alcance limitado para a comunicação entre transmissor e receptor.

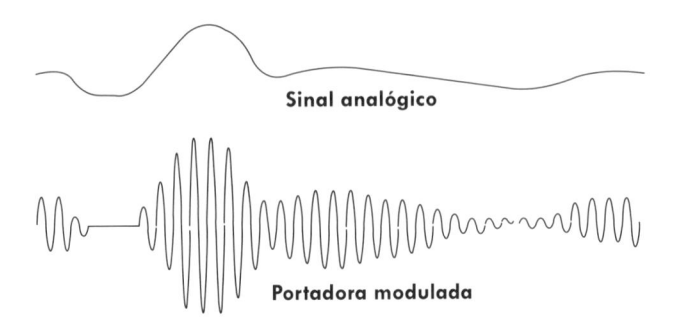

Fig. A.7 Modulação em amplitude de sinais analógicos

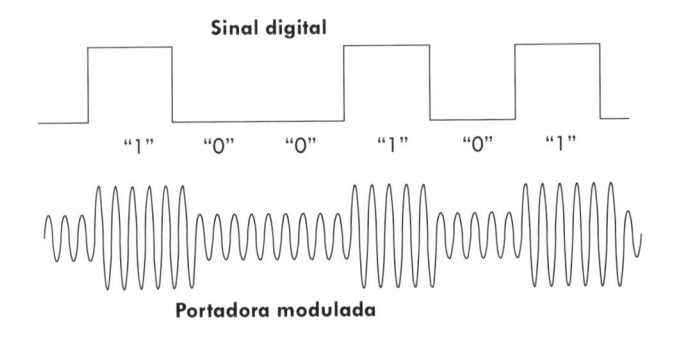

Fig. A.8 Modulação em amplitude de sinais digitais

A *modulação em freqüência* (FM) corresponde à alteração da freqüência da portadora dentro de determinados limites e proporcionalmente à amplitude do sinal que se deseja transmitir, para tornar o receptor mais imune à atenuação do sinal com relação à distância ao transmissor (Fig. A.9). A desvantagem desse método está na maior complexidade eletrônica envolvida.

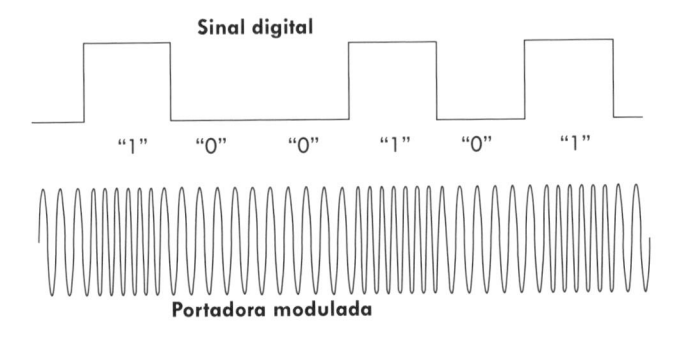

Fig. A.9 Modulação em freqüência

As técnicas tradicionais de modulação são amplamente utilizadas em sistemas de *broadcast*, nos quais vários receptores existem para um mesmo transmissor, como nos sistemas de radiodifusão, televisão etc. Também são empregados em sistemas privados ou de baixa potência, em que a probabilidade de interferência com sistemas vizinhos é pequena, e em que as restrições de custo, tamanho ou consumo de energia são determinantes.

A.5 ESPALHAMENTO ESPECTRAL

As técnicas de modulação tradicionais, apresentadas no item anterior, produzem sinais de radiofreqüência com um conteúdo de freqüências (chamado de *espectro*) equivalente ao do sinal original, mantendo-se a sua densidade de energia por freqüência. Assim, para transmitir um sinal de áudio na faixa de zero a 2,5 kHz (banda de conexões telefônicas), é necessária também uma banda de 2,5 kHz centrada na freqüência da portadora. Da mesma forma, para os sinais digitais, exige-se tanto mais banda quanto maior for a taxa de comunicação (velocidade na qual os *bits* individuais são enviados, também chamada de *baud rate*).

As técnicas conhecidas como *espalhamento espectral* (em inglês, *spread sprectrum*) utilizam bandas de transmissão para o sinal de rádio modulado bem superiores às normalmente necessárias para a sua transmissão, com o objetivo de distribuir a energia do sinal a ser transmitido em uma gama relativamente ampla de freqüências de transmissão. Isso é conseguido de duas formas:

:: seleção periódica de novas freqüências para a portadora, de maneira a cobrir todo o espaço de freqüências da banda, o que se chama de saltos de freqüência (em inglês, *frequency hoping* – FH); ou

:: adição de sinal com amplo conteúdo de freqüências (ruído) ao sinal a ser transmitido antes da sua modulação, o que se chama seqüenciamento direto (em inglês, *direct sequencing* – DS).

Evidentemente, para que se possa transferir informação entre transmissor e receptor, é necessário que, no primeiro caso, ambos alterem a freqüência da portadora segundo o mesmo padrão (algoritmo) e, no segundo caso, que transmissor e receptor conheçam o sinal de ruído que é somado ao sinal antes de este ser transmitido. Nos dois casos, é também necessário que transmissor e receptor estejam *sincronizados*, para que a comunicação entre ambos seja possível. Geralmente, uma etapa de sincronismo antecede a etapa de comunicação propriamente dita, durante a qual o receptor tenta identificar o algoritmo de espalhamento empregado e seu estado atual.

Apesar da complexidade dessas formas de comunicação, elas oferecem grandes vantagens, como:

:: maior *resistência à interferência*, por causa da maior banda de comunicação e do seu melhor aproveitamento, o que garante uma comunicação mais confiável, com alcance potencialmente maior e menor dispêndio de energia;
:: maior *segurança* e a possibilidade de comunicação privativa, pois apenas o receptor que realmente conhece o algoritmo de espalhamento empregado pelo transmissor pode obter o sinal original. Todos os demais vão verificar apenas a existência de ruído dentro da banda de comunicação;
:: possibilidade de *acesso múltiplo* à mesma banda de comunicação, contanto que os diversos pares de transmissores e receptores empreguem algoritmos diferentes para o espalhamento e o número de comunicações simultâneas não eleve demasiadamente o nível de ruído no receptor, prejudicando a decodificação dos sinais.

As técnicas de espalhamento espectral são muito empregadas em sistemas com múltiplos canais de acesso, como na telefonia celular, nas comunicações por satélites e em sistemas com grande probabilidade de interferência entre comunicações vizinhas, como é o caso da Internet móvel.

A.6 Transmissão de sinais digitais

O grande interesse na comunicação de sinais digitais por radiofreqüência está na flexibilidade de trabalho com a informação codificada digitalmente. Algumas de suas importantes vantagens são:
:: a concentração do processamento dos sinais pelo *software*, em vez de circuitos eletrônicos complexos e que exigem ajustes;
:: o emprego de *codificações* especiais, que permitem melhorar o uso da banda de comunicação e oferecem segurança e privacidade à comunicação;
:: a implementação de *protocolos de comunicação*, para permitir o controle mais eficiente da comunicação;
:: a possibilidade de *detecção* e, eventualmente, a *correção de erros de comunicação*, elevando a confiabilidade e a disponibilidade do canal;
:: a simplicidade de representação da informação, mesmo dos sinais analógicos, em codificação digital.

Antes da transmissão do sinal de rádio propriamente dita, é necessário algum tipo de codificação da informação a ser enviada na forma digital, que, em última instância, consiste em uma seqüência de símbolos "1" e "0" ou "ligado" e "desligado". Há inúmeras maneiras de codificação possíveis; por exemplo, a amostragem da amplitude de sinais analógicos e a representação das respectivas amostras com números binários; a codificação de caracteres alfanuméricos de um texto (como no conhecido código ASCII), e assim por diante (Fig. A.10). Naturalmente, a informação original só é recuperada no receptor caso a codificação empregada pelo transmissor seja conhecida, de modo que o seu emprego possibilita privacidade ou segurança à informação original. Em muitos casos, a codificação empregada visa especificamente esconder a informação comunicada (por meio de algoritmos de criptografia, por exemplo), inibindo ou dificultando a sua tradução por terceiros.

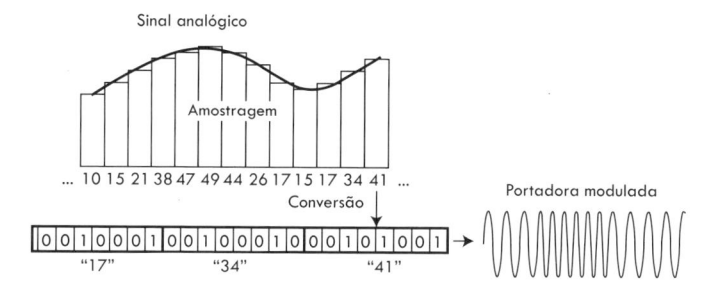

Fig. A.10 Codificação da informação a ser transmitida

No caso da transferência dos sinais digitais por radiofreqüência, outras formas de codificação podem ser necessárias para melhorar o uso do meio de comunicação. Conforme visto anteriormente, o meio eletromagnético permite propagar as *variações* ocorridas no campo eletromagnético, necessitando da ocorrência de transições para funcionar adequadamente. Longas seqüências de "zero" ou de "um" são, portanto, desfavoráveis à transferência por sinais de rádio. Contudo, evitar sua ocorrência é bastante simples, mediante o emprego de codificações digitais que priorizem a ocorrência de transições, o que melhora grandemente a qualidade da comunicação e o alcance dos receptores (Fig. A.11).

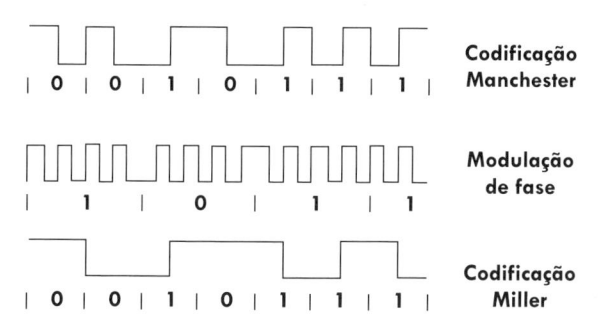

Fig. A.11 Exemplos de codificações digitais que priorizam a ocorrência de transições

A comunicação digital permite o uso de protocolos de comunicação, ou seja, os agentes transmissor e receptor podem trocar informações sobre a própria comunicação que está em andamento. Assim, receptor e transmissor podem se identificar mutuamente, iniciar e terminar sessões de comunicação de dados (conexões), detectar, reportar e contornar erros, solicitar e liberar o uso da banda de comunicação a outro agente de comunicação (o que permite que diversos transmissores compartilhem o mesmo sinal de rádio, por exemplo), bem como controlar o fluxo da informação entre transmissor e receptor, evitando a recepção de informação "truncada" pela excessiva velocidade de envio e baixa capacidade do receptor ou do meio de comunicação em recebê-la.

Impressão e Acabamento